服务“三农”花卉产业丛书

王文通 周厚高 韩群鑫 王凤兰 许东亭◎编著

SPM 南方出版传媒
广东科技出版社 | 全国优秀出版社
·广 州·

图书在版编目（CIP）数据

幌伞枫 大叶伞 / 王文通，周厚高，韩群鑫等编著．—广州：广东科技出版社，2015．3
（服务“三农”花卉产业丛书．我的花卉手册）
ISBN 978-7-5359-5983-6

Ⅰ．①幌… Ⅱ．①王…②周…③韩… Ⅲ．①五加科—栽培技术 Ⅳ．① S687．9

中国版本图书馆 CIP 数据核字（2014）第 237188 号

我的花卉手册——幌伞枫 大叶伞
Wo de Huahui Shouce ——Huangsanfeng Dayesan

丛书策划：冯常虎
责任编辑：罗孝政
封面设计：柳国雄
责任校对：吴丽霞
责任印制：罗华之
出版发行：广东科技出版社
（广州市环市东路水荫路 11 号 邮政编码：510075）
http：//www.gdstp.com.cn
E-mail：gdkjyxb@ gdstp.com.cn（营销中心）
E-mail：gdkjzbb@ gdstp.com.cn（总编办）
经 销：广东新华发行集团股份有限公司
印 刷：广州市至元印刷有限公司
（广州市番禺区南村镇金科生态园 4 号楼 邮政编码：511442）
规 格：889mm×1 194mm 1/32 印张 3.25 字数 88 千
版 次：2015 年 3 月第 1 版
2015 年 3 月第 1 次印刷
定 价：20.00 元

前言
PREFACE

在广东花卉市场上最早出现的大型木本桩景盆栽植物是巴西铁，它是将进口的直径6~8厘米的巴西铁棍，按0.6~1.6米的不同长度截段，然后以3条不同长度的巴西铁棍为一组，芽朝向外捆绑在一起，种在直径40厘米左右的花盆中，待生根发芽后供摆设观赏用。该时期市面上的大型藤本盆栽植物还有绿萝、红宝石、绿宝石等。后来，一种新型木本盆栽树种出现了，它就是发财树（马拉巴栗），因其寓意发财如意而迅速成为大型盆栽花卉市场的宠儿。

近几年在花卉市场上出现了新型的大型木本桩景植物——幌伞枫和大叶伞，它们是以胸径6厘米以上的单干或多干苗木为材料，起苗后定干1.6~1.8米高，然后种在直径48厘米以上的花盆中，待植株发芽并形成良好的树冠后供摆设观赏用。这两个树种生长快，成型快，树形优美，叶色亮绿，观赏效果好，深受市场的欢迎，发展迅速，已成为我国花卉产业化规模最大的大型木本桩景盆栽植物主流产品。

幌伞枫是广东开发的乡土观赏植物，近几年发展很快，先在广州建成了生产基地，之后在广东江门、湛江以及海南得到迅速发展，面积已超过13 333公顷，种苗数达4 000万株以上。

大叶伞除了做成盆栽桩景外，还可以利用其树干，即将干粗6~10厘米的树干截成1.7~1.8米的段，经处理后包装贮藏运输，在产品运到目的地后经后续处理，并将其种在直径40厘米以上的花盆中，待生根发芽后即为盆栽桩景。这种产品，我们将其定义为茎段式盆栽花卉，也称之为茎段式切枝（这是“茎段式盆栽花卉的产业化技术体系建设”项目首次提出的术语）。

该类产品观赏价值高，并且以植物主干为观赏、贸易、运输的花卉产品形式，在做法上有其优势，形成了以下鲜明特色：

（1）形式独特，以茎段作为商品和观赏对象，是其他花卉不具备的形式，独特性和特异性十分明显。

（2）组合方便，形式多样，通过茎段数量、长度的变化可以形成多样的组合形式，提高了艺术性和观赏价值。

（3）运输方便，克服了一般盆花运输成本高、损耗大、品质下降和时间限定的缺点。

（4）出口优势明显。上述三个优点，加上消毒灭虫灭菌方便，容易达到进口国的检疫标准，出口具有很大潜力，有望成为今后这类产品出口的主要形式。

幌伞枫、大叶伞作为新发掘的优良大型盆栽植物，国内外对其生长特性、栽培技术的研究很少；同时，茎段式盆栽在生产和采后处理等方面具有特殊性。因此，对它们生产技术的深入研究并形成完整的技术体系，制定质量标准和生产技术规程，最终提高产品质量和观赏价值，是茎段式花卉产业的发展趋势。2009年，广东省现代农业产业体系建立后，花卉创新团队根据产业发展的需要，集中力量，重点对幌伞枫、大叶伞等新型茎段式切枝植物的生产技术进行了研究，5年来，先后系统开展了种苗培育、大田肥水管理、病虫害防治技术、采收技术、采后处理技术等研究，形成了完整的技术体系；同时，对其生长特点与规律、生理特性及生长影响因素进行了基础性研究。这些技术已经作为广东省花卉创新团队的重点成果在广东省相关产区推广应用，深受种植者欢迎。本书融入了上述部分研究成果，简要介绍了幌伞枫、大叶伞茎段式切枝植物相关技术，有利于生产经营者参考应用。

目录 CONTENTS

幌伞枫

幌伞枫生物学特性 / 2
形态特征 / 2
对环境条件的要求 / 3
幌伞枫栽培技术 / 5
盆栽产品规格要求 / 5
幌伞枫大型盆栽产品生产的基本设施 / 6
育苗技术 / 7
大苗培育 / 11
起苗、包装技术 / 16
盆栽促根技术 / 18
盆栽产品截干促芽技术 / 20
盆栽产品的保养与再利用技术 / 22
幌伞枫病虫害防治 / 24
主要病害及其防治 / 24
主要虫害及其防治 / 24

大叶伞生物学特性 / 30
形态特征 / 30
对环境条件的要求 / 31
大叶伞栽培技术 / 32
盆栽产品规格要求 / 32
大叶伞大型盆栽产品生产的基本设施 / 35
育苗技术 / 37

苗木田间培育 / 39
起苗、包装技术 / 46
树桩段的盆栽与催根促芽技术 / 48
茎段切枝的组合盆栽与催根促芽技术 / 52
盆栽产品的保养与再利用技术 / 57
大叶伞病虫害防治 / 59
主要病害及其防治 / 59
主要虫害及其防治 / 59

附录 1 幌伞枫生产技术规程 / 61
附录 2 大叶伞生产技术规程 / 66
附录 3 广东茎段式盆栽植物产业 / 71

幌伞枫

幌伞枫生物学特性

形态特征

幌伞枫（*Heteropanax fragrans*）是五加科幌伞枫属常绿乔木，在广州及以南的地区冬季不会落叶，叶片也不发黄。幌伞枫大树可以长到 30 米高，树干通直，较少分枝，如果受到外来因素的影响而使顶芽折断，会在折断点附近长出 3~5 个分枝，形成广伞形树冠。幌伞枫的叶是三至五回羽状的复叶，总叶柄长 15~25 厘米，基部膨大。羽状复叶主要集中在茎干顶部，叶形巨大，形成近球形的树冠，又像皇帝出游时使用的罗伞，直径达 1.7 米，苍翠挺拔（图 1）。

图 1　多分枝的幌伞枫在园林中的应用

幌伞枫在秋冬季10—12月开花，花很小，黄色，由很多小黄花组成的伞形花序密集成头状，聚集在枝顶端。果实通常在第二年的2—3月成熟，扁球形，成熟的果实紫黑色，每粒果里面含2粒种子（图2）。

幌伞枫共有幌伞枫、华幌伞枫、短梗幌伞枫等3个栽培种，它们的形态都非常近似。

图2　成熟的幌伞枫的果实

对环境条件的要求

幌伞枫原产我国云南、广东、海南及广西等地，主要分布在海拔400米以下山地季雨林的次生疏林中，是热带和南亚热带树种。喜欢高温多湿气候，不耐寒，当冬季的气温低于8℃时停止生长，能耐5~6℃低温及轻霜，植株不会受冻，但不耐0℃以下的低温，适宜在北回归线以南的热带、亚热带地区栽培。

图 3 幌伞枫的栽培

幌伞枫对光照的适应能力较强，喜光，也耐阴。适宜在深厚、肥沃、排水良好的酸性土壤上生长，较耐干旱及贫瘠。种植幌伞枫必须选择肥沃、疏松、湿润的土壤，才能达到速生快长的栽培目的(图 3)，栽植地过于干旱容易引起下层的叶片黄化、脱落，叶片暗淡无光泽。

幌伞枫栽培技术

盆栽产品规格要求

目前市场上所见的盆栽幌伞枫产品主要是大型盆栽桩景，有单干型和一头多干型两种，其中以一头多干型盆栽比较受欢迎。用茎段切枝催根形成多段组合的盆栽产品还没有。

1. 单干型

单干型盆栽（图 4），一般每盆种植 1 株幌伞枫，要求树干通直，胸径 6 厘米（或地径 10 厘米）以上，干高 1.6~1.8 米，近枝干顶端 30 厘米范围内有 3 个以上、大小一致、均匀分布的枝芽，形成完整的树冠。

图 4 单干型盆栽产品

2. 一头多干型

一头多干型盆栽（图 5），每盆仅种植 1 株幌伞枫，但要求每株有 3 个以上均匀分布的分枝，分枝点要在离地 30 厘米以下，越低越好，从树头到分枝的过渡要自然。为了使多干型盆栽产品达

图5 一头多干型盆栽产品

到理想的景观效果，单株的地径要求12厘米以上，各分枝在1米高处的直径6厘米以上。根据每盆多干型幌伞枫的造型来确定各分枝的高度，最低60厘米，最高1.8米。各分枝近枝干顶端30厘米范围内有3个以上、大小一致、分布合理的枝芽，形成层次分明，高低错落有致的完美树冠。

幌伞枫大型盆栽产品生产的基本设施

图6 育苗大棚

幌伞枫的生产可划分为3个阶段，由不同的苗木基地或企业专业生产。第一阶段是播种育苗，主要是生产筛苗或口径10~20厘米的容器苗（袋苗）；第二阶段是苗木的培育，将容器苗（袋苗）培育成适合盆栽的桩景材料；第三阶段是盆栽，将育成的桩景材料起苗、处理，种在大花盆里成为盆栽产品。

播种育苗阶段的基本设施：最好有简易大棚，以方便遮阴及应对阴雨的天气（图 6）。

苗木培育阶段的基本设施：生产比较简单粗放，在苗木生产基地露地培育就可以了（图 7）。生产基地要求土层深厚、土壤疏松肥沃，雨季不受水浸。所以种植前要先规划好工作通道以及排灌沟渠，清除杂草，整好地，施足基肥。

图 7　地栽培育盆栽用的材料

盆栽阶段的基本设施：最好有遮阴、防雨的大棚（图 8），以方便上盆后催根、催芽时的遮阴保湿要求。

图 8　大型幌伞枫盆栽设施

育苗技术

1. 播种育苗

可以在苗木基地采用播种床育苗，也可以在大棚内采用播种筛集中育苗。

（1）采种及处理（图 9）　播种育苗是各种育苗方法中最简单、工作效率最高的育苗方法，育成的苗木根系壮实，造型好。而且幌伞枫容易结实，采种非常容易，因此生产上主要采用播种的方法来繁殖育苗。

在广州地区幌伞枫的果实在每年2—3月成熟，其他地方的成熟期会略有变化。成熟的果实呈紫黑色，挂在树上不会立即掉落，要人工爬到树上采摘。目前很多结果的大树都是种在城市的绿化带中作为景观树应用，所以采种的时候一定要注意维护这些景观树的观赏性，不要在采种的时候把这些树的树冠毁了。幌伞枫的种子无休眠习性，种子采收后可立即播种。

果实采收后先堆沤2~3天使果肉软烂，然后用竹箩盛着浸在水中，用手轻轻搓去肉质种皮，用清水漂洗干净，得到纯净的种子。经重复测定，新鲜种子的千粒重约600克，发芽率60%~70%。

图9 幌伞枫的果实与种子

（2）**播种及育苗** 可以在苗木基地采用播种床育苗，也可以在大棚内用播种筛育苗。

①播种床育苗。有条件的播种床可设在简易大棚内，如果没有现成条件的话，也可以在播种后搭简易小拱棚。播种床的规格为：床面宽1.2米，高20~25厘米，步道宽60厘米，床面

要求细致平整。

采用条播，在播种床上开播种沟，沟宽10~15厘米，沟深15厘米，沟距30厘米，将种子均匀地撒在播种沟里，然后盖一层0.7~1.0厘米厚的薄土，最后用遮阳网覆盖播种床。

如果没有简易大棚，播种后要在各播种床上搭建薄膜小拱棚，具体做法是，用长1.8米、宽2~3厘米的老熟竹片，两端削尖后各插在播种床的两侧，深10~15厘米，从播种床的一端开始，每隔2~3米插1片，直到另一端也插上1片。然后盖上薄膜，薄膜的两边及两端都用泥土压紧。

②播种筛育苗。采用播种筛育苗的做法，管理方便，容易对付2—3月的阴雨天气，发芽率高。

播种筛的规格为30厘米×50厘米，基质选用泥炭、珍珠岩，按3 ∶ 1比例配比，再加入0.5份腐熟有机肥调配，最后加入少量生石灰把pH调至6.5左右，这种混合基质需要堆沤一段时间。将基质装入播种筛中，稍压实并刮平待用。

将新鲜种子均匀地撒在播种筛中，每筛300~350粒种子。播种后再盖一层0.7~1.0厘米厚的基质，淋透水，结合淋水进行一次消毒，以减少病害的发生。

2. 幼苗出土与管理

播种后，每天上午10∶00前淋水1次，保持土壤湿润，以利于发芽。梅雨季节大棚应覆盖薄膜，以防止播种床过于潮湿并保温，同时要做好清沟排水工作。小拱棚的两端要打开通风，降低湿度，减少种子霉变。

种子发芽需要较高的气温，早春由于气温较低，幼苗出土的时间会长一些，所以早晚最好盖上薄膜。当气温达到27℃左右时，播种后20天左右，子叶即带壳出土，这时白天应打开薄膜通风。当50%以上的幼苗出土后，应将盖在播种床上的遮阳网揭开，以利于幼苗顺利生长，这项工作最好在傍晚进行，随即将播种大棚或小拱棚上加盖遮光率50%的遮阳网。处理完成

后用50%百菌清可湿性粉剂配成0.15%~0.2%溶液喷洒苗床，预防病害发生。

幼苗出齐后，每7天追施1次0.1%的尿素溶液，并用50%多菌灵可湿性粉剂配成0.15%~0.2%溶液喷洒苗床1次，以上工作连续做2~3次，以后改施复合肥。

由于气温适宜，幼苗期杂草生长快，因此要及时做好松土、除草等田间管理工作。

3. 容器育苗

大约4月中旬，当苗高10厘米左右时，可转入容器（育苗袋）进行培育，以便今后继续移植培育（图10）。采用口径12~18厘米的黑色育苗袋作为容器，营养土采用塘泥、园土或泥炭土等，营养土混合均匀后即可装袋。

在将小苗种入容器时，最好把小苗的根尖用手掐断，种完后淋足水，即喷淋1次50%百菌清0.15%~0.2%溶液，搭遮光率50%的遮阳棚。做好淋水、除草及施肥等日常管理工作，每10天喷洒1次50%多菌灵0.3%~0.5%溶液。移植2个月后，选择阴天将遮阳棚拆除。

图10 幌伞枫容器育苗

容器苗经过1年的培育，当苗高达到40厘米、地径达到0.4厘米以上，且小苗直立，生长正常，不带检疫性病虫害时，即可转到苗木生产基地继续进行大苗的培育。

大苗培育

大苗培育（图11）的目的是为了生产盆栽用的桩景材料。由于受花盆生长空间的限制，直接用花盆来培育，苗木生长非常慢，管理费时费工，生产效率低，因此通常采用地栽的方法来培育大苗，充分利用地力资源。

图11 大苗培育

1. 种植季节

容器苗地栽宜选在每年3—5月进行，这段时间的天气最适合苗木的种植，当然在种植时还应尽量避开大雨天，以保持土壤的疏松结构。

2. 种植密度

刚开始种植时，容器苗还小，可以采用密植，株行距为0.8~1.0米×0.8~1.0米（图12）。幌伞枫是速生树种，种植2~3年树冠就能够密闭，必须进行隔行隔列疏苗，扩大株行距，将株行距扩大到2米×2米。

图 12 幌伞枫的种植密度

3. 种植方法

（1）整地挖种植穴 选择平整的地块，按宽 1.2 米、高 20~25 厘米、步道宽 60 厘米的规格做成种植畦，在畦面按株行距定好种植点，各种植点应互相错开，呈“品”字形排列，以充分利用空间。在各种植点上挖 30 厘米 ×30 厘米的种植穴。为了保证幌伞枫能够快速生长，整地时要施足基肥，具体来讲就是在种植穴底每穴放 10~15 千克经沤熟的鸡粪。

图 13 幌伞枫的种植

（2）种植（图 13） 种植容器苗时一定要脱去育苗袋，但容器苗根系所带的土团不要搞散。种植前在穴底垫一层土，使基肥不会与容器苗的根系直接接触，然后将脱袋的苗放入种植穴，把苗扶正后回土压实，种植深度比种在育苗袋时深 2~5 厘米。

4. 田间管理

（1）日常管理 种植后淋足定根水，如果种植时根系所带的土团没有松散，3~5 天就能够恢复生长，小苗成活后转向日常管理。种植第 1 年，苗木还小，冠幅窄，大部分苗地裸露，生长季节容易杂草丛生，所以要及时清除杂草，或者套种农作物（图 14）以减少杂草的生长，第 2、3 年树冠密闭后杂草就少了。雨季要经常清理水沟，及时排涝，防止苗木倾斜或倒伏，如果出现苗木倾斜或倒伏这类情况要及时扶正，并用竹竿撑直，不然的话今后的树干会弯曲。旱季要及时灌水，避免苗木下部的叶片因缺水而黄化、脱落，维持苗木的正常生长。

图 14　间种农作物

（2）间苗与断根处理（图 15~16）　种植后第 2 年年初，苗木茎干直径达到 3 厘米粗时，应进行断根处理，否则等到第 4、5 年起苗时，没有经过断根处理的侧根很少，但长得很粗，不利于起苗及上盆栽植。断根的具体方法：用锋利的起苗锹贴近苗木树头从东西两侧垂直切下去，将根系截断，留下侧根的长度不要超过 5 厘米。南北两侧的根系在下一年初再进行断根处理。经过断根处理的苗木，可以在树头周围长出很多细小的侧根来。

图 15 未断根处理的根系

图 16 经断根处理的根系

如果肥水管理到位，第 2 年下半年至第 3 年年初幌伞枫树冠开始郁闭，这时必须进行间苗，扩大株行距，使种植的苗木壮实，以提高盆栽的成活率及品质。间苗可以选在第 2 年的 9—10 月或第 3 年的春季发芽前，间出来的苗另外安排地方种植。间苗后保留下来的苗木要进行后续的断根处理。

（3）苗木修剪 为了培育优质的苗木，必须及时做好修剪工作，培育单干型盆栽材料的修剪与培育多干型盆栽材料的修剪在做法上不同，具体方法如下：

单干型盆栽材料的修剪：培育单干型植株时，要求 2 米以下的树干一定要直，所以苗木的顶芽要保护好，不能折断。没有折断的植株一般很少发侧枝，所以地栽期间几乎不用修剪。栽培过程中可能会因大雨或风吹等原因而使苗木倾斜甚至倒伏，出现这类情况时要及时扶正（图 17）。树冠郁闭后主要是修剪树干下部的老叶、黄叶，改善通风透光，减少病害发生。

多干型盆栽材料的修剪（图 18）：培育多干型植株时，可在容器苗地栽后的第 2 年进行截干，截干的位置应根据具体要求而定，一般选在距地面 30~50 厘米处，越低越好。为了提高多干植株的质量，截干的时候不要与断根同时进行，而且截干前半个月植株要施足肥，才能多发侧芽；截干后要合理选留侧芽，一般要留 3 个以上健壮的、分布均匀的芽，芽与芽之间形成的夹角要基本一致，这样树形才匀称。

图 17 倾斜的树干易发侧枝

图 18 一头多干型的截干促芽栽培

起苗、包装技术

苗木种植 3 年后，单干型植株的胸径达到 6 厘米（地径 10 厘米）以上，多干型植株各分枝胸高处直径达到 4 厘米（地径 12 厘米）以上时，可以用作盆栽的材料。

1. 起苗

幌伞枫生长迅速，树干含水量很高，种植的成活率受季节影响很大。实践证明，在广东选在 9—11 月起苗种植最有利（图 19~20），一方面秋季天气干爽，植株的生长量逐步降低，体内的含水量也降到适合起苗、包装、贮运的水平，而树体内积累的养分水平较高，有利于生根发芽，在这段时间起苗、盆栽容易出根恢复生长；另一方面在这段时间起苗、盆栽，到第 2 年 3—4 月树冠基本上长成了，时机恰好。而 12 月到第 2 年 1 月气温低，生长停滞，在这段时间起苗、盆栽生根发芽很慢。

图 19 起苗

图 20 树头

起苗时如果遇到大根、粗根，应尽量贴着树头截掉，从树头长出的细根则可以保留。苗木所带的土球应尽量小甚至不带土球，如果带土球，直径不要超过 30 厘米，高不超过 25 厘米，这样才有利于包装、运输和盆栽。树干保留的高度应选在明显的叶柄痕以下，一般是 1.8~2 米，在盆栽成活后再截矮。

2. 包装

挖起来的苗如果就在附近盆栽，处理后就不用包装了；如果要调运到外地，那么处理后要进行包装，一方面方便搬运，另一方面也可以满足检疫要求。

（1）处理　幌伞枫盆栽时碰到的最大问题就是成活率不高，发芽质量不好，其中的原因是多方面的。因此，起苗后头根的处理就显得很重要了，可以防止种植后因各种原因而造成的头根发霉变黑、干枯霉烂等现象，提高成活率和商品品质。整个操作过程要在通风阴凉的简易工作棚下进行，具体做法如下：

用螺丝刀（起子）挑去头根上的泥土，用高压水枪冲洗干净整个头根及树干，将过长的根或截口不齐的根修理平整，放入消毒池中浸泡 10~15 分钟，之后码放在通风、阴凉、干净的架子上晾干。消毒剂选用甲基托布津等常用的广谱杀菌剂，浸泡浓度为 0.2%。

选干净的黄泥心土，捣碎，放入干净的浅池中，加适量清水，搅成黏稠的泥浆，泥浆中再按比例加入适量的吲哚丁酸等生根剂溶液以及广谱杀菌剂，搅拌均匀。生根剂的使用浓度：大约 1 桶泥浆用 1 克生根剂，生根剂要先用无水酒精溶解，再用 1 升清水稀释；广谱杀菌剂的使用浓度，可参考农药包装上的说明。

将稍为晾干的幌伞枫头根部分在泥浆池中蘸一下，均匀地包上一层黄泥浆，这叫浆根。浆根不但可以保护细根，又能够促进伤口的愈合，加快萌发新根。

（2）包装　选择无纺布，裁成 80 厘米 ×60 厘米的规格，用它来包裹经过上述处理的幌伞枫头根部分，然后用包装绳扎紧（图 21）。由于选择在 9—11 月起苗，树干的上截口（图 22）不用封蜡，可以用无纺布简易包扎，也可以不用任何处理，这样截口可以保持干爽而不会因积聚胶状汁液而腐烂发霉。

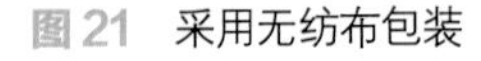

图 21 采用无纺布包装

图 22 在生长季节截干后的截口

盆栽促根技术

不管是单干型还是一头多干型幌伞枫树桩的盆栽，树桩的快速发根是保证盆栽成品率最为关键的环节，有了强壮的根系，才能萌发强壮的芽，盆栽品质才有保障。所以树桩上盆种植前，一定要经过上述诱根处理（图 23~24）。经过上述处理的树桩，可以放置 15 天左右，成活率不会降低，这就为运往各地提供了方便。没有经过上述处理的树桩，调运到目的地后，要尽快按上述方法处理，然后上盆种植。

图 23 单干型盆栽促根栽培

种植幌伞枫可选用口径35~48厘米的塑料大盆或彩釉陶盆，基质最好选用进口泥炭与珍珠岩按3 ∶ 1的比例配制成的混合基质，这种基质疏松、通透性好，pH适宜，也不会带检疫性病害。其次可选用优质塘泥与火烧土按7 ∶ 3的比例配制成的基质，这种基质肥沃，通透性好，排水性好，盆栽幌伞枫成品不易倒伏。

种植前盆底的排水孔用一块双层滤网盖住以利于排水，在盆底放一层粗沙作为疏水层，然后加入一薄层基质。将树桩泥球的包装拆掉，检查根部有无异常，腐烂、发霉的树桩要重新进行清理、消毒、涂生根剂等处理。将树桩泥球放入盆中，扶正，四周加入基质一直到接近盆面为止，压实，将盆边清理干净。

图24 一头多干型盆栽促根栽培

上盆后的植株搬到覆盖遮光率75%遮阳网的大棚内，浇透定根水。为了防止植株歪斜或倒伏，可在离地1.5米高处搭纵横交错的竹架固定各植株。每天淋水1次，每周浇1次浓度0.1%甲基托布津溶液进行消毒，大棚内保持23~25℃的温度，并保持通风及较高的湿度，以利于恢复生根。一般种植后1~2个月便能正常出根长芽。

盆栽产品截干促芽技术

幌伞枫上盆栽植后，管理得当的话，一段时间后会相继生根发芽。由于发这趟芽的时候根系还比较弱，所以树干上萌芽的数量、长短大小、强弱各不相同，造成商品品质不稳定，成品率比较低。

图 25　截干处理

图 26　截干促芽栽培（一）

图 27　截干促芽栽培（二）

解决上述问题的办法（图 25~28）：将盆栽幌伞枫树桩进行矮截，保留干高 1.6~1.7 米，让树桩上的所有树干重新发芽。这次截干距离上盆种植 3~5 个月的时间，间隔的时间太短，根系弱，截干后发的芽同样还是不壮。另外，截干前 10~15 天，一定要施一次肥，使植株有充足的营养多发芽、发壮芽，尽量使所发的各个芽的大小保持相对一致，提高商品率。截干的时候还要考虑盆栽产品的整体造型，根据各枝干顶端需要发芽的方向来确定截口的位置，使发芽后形成的树冠丰满、匀称，层次分明。

图 28　截干促芽技术

经矮截后的幌伞枫盆栽树桩，可以露天或者放在遮光率 50% 以下的遮阳棚内栽培，大约 20 天就能成景。

盆栽产品的保养与再利用技术

1. 盆栽产品的保养

图 29 将盆栽植株的头与花盆绑在一起

幌伞枫叶色亮绿，形态优美，耐阴耐阳，是极好的大型桩景盆栽树种，一般上盆种植 6 个月就能成型。这个时候根系还不是特别强壮，植株又较重，所以运输过程中容易摇晃，盆土容易松散，植株容易倒伏。解决的方法是将盆栽植株的头部连同花盆一起绑扎好，减少摇晃（图 29）。同时树冠也要用包装纸或网兜包装好，以免叶片损伤影响观感。

盆栽幌伞枫应适当施肥，并给予适当的光照，以防叶片过快老化发黄，维持植株良好的叶色。施肥最好选用花生麸等有机肥，敲碎后埋施于盆边。

2. 幌伞枫盆栽的再利用技术

盆栽幌伞枫摆放一段时间后，会因生长环境以及日常养护管理等问题而逐渐变形，失去原先潇洒、美丽的景观。这时可以采用截干促芽的方法，让盆栽树桩重新抽芽，恢复树冠。

具体做法（图30~31）：将失去观赏价值的盆栽幌伞枫树桩用锋利的手锯将树桩矮截，把树冠全部截去，保留没有萌芽的树干部分。如果原先的树桩高度1.6~1.7米，经过这次矮截后，树桩高度还有1.3米左右。处理完成后搬到室外有光照的地方，除去盆面的杂质，用小花铲把盆面基质挖松，施足肥，之后每天坚持淋水，1个月左右又可以恢复树桩景观。

这种方法可以做2~3次，直至树桩高度60厘米左右。不管树桩是高是矮，观赏效果都很不错。

图30　经2次截干后的幌伞枫

图31　幌伞枫树桩成品可以进行多次截干处理

幌伞枫病虫害防治

病虫害防治是苗木生产中的重要一环，在幼苗期适逢低温阴雨的天气，刚出土的幼苗易患立枯病，同时苗木生长期也易受铜绿金龟子幼虫、地老虎、介壳虫等虫害的危害。

而盆栽幌伞枫使用的材料是经过挑选的大规格树桩，上盆前还要经过处理，只要做好预防措施，基本上没多少病虫害，所以管理的重点主要放在苗木的生产阶段。

主要病害及其防治

幌伞枫的幼苗期容易患立枯病，春季的低温阴雨天气，以及苗地排水不畅是立枯病形成的主要原因，所以要搭建简易防雨棚，做好育苗地的排涝工作，深挖排水沟，防止积水。同时要积极做好病害的预防措施，一般可用75%敌克松可湿性粉剂、70%甲基托布津可湿性粉剂以及50%多菌灵可湿性粉剂按使用说明交替喷洒防治。

主要虫害及其防治

1. 铜绿金龟子

成虫与幼虫均可为害。幼虫称蛴螬，俗名白土蚕、白地蚕。幼虫终年在地下活动，啃食苗木根部和嫩茎，影响生长，轻则可使苗木枯黄，重则致幼苗死亡。

防治方法：

①利用成虫的趋光性，在其盛发期用黑光灯、黑绿单管双光灯或频振式杀虫灯诱杀成虫。或者利用成虫的假死性，用人

工的方法捕杀成虫。

②对铜绿金龟子幼虫，可用 50% 辛硫磷乳油、40% 甲基异硫磷乳油或 48% 乐斯本乳油 1 500~2 000 倍液浇灌苗圃地，7~10 天浇 1 次，连续浇 2~3 次。

2. 地老虎

俗称土蚕、切根虫，是重要的地下害虫，在近地面处从基部咬断幼茎，使整株死亡，造成缺苗。

防治方法：

①灯光诱杀，根据成虫趋光性强的特点，在成虫发生盛期用黑光灯诱杀，灯下放置盛水的大盆或大缸，水面洒上机油或农药。

②药物防治，可在地老虎 1~3 龄幼虫期，采用 48% 地蛆灵乳油 1 500 倍液或 48% 乐斯本乳油 1 500 倍液等进行防治。

3. 介壳虫

主要发生在高温高湿的季节，树冠密闭、通风不良，树干上部、叶柄基部、叶底到处滋生介壳虫，造成叶片卷曲、黄叶、落叶，严重影响植株的生长。

防治方法：

①剪掉太密的叶片，改善通风透光；合理施肥，增强幌伞枫自身抵抗力。

②在卵孵化盛期或初孵若虫四处爬行、介壳尚未形成时喷杀药剂，可选用 2.5% 溴氰菊酯 2 500 倍液、48% 乐斯本乳油 1 200 倍液或 40% 速扑杀乳油 800~1 000 倍液喷施，交替轮换用药。喷药时应注意全株喷洒，叶正反两面都要均匀着药，可在药液中加少量洗衣粉增加药液的黏着能力。

4. 白蛾蜡蝉

成虫（图 32~34）、若虫吸食枝条和嫩梢汁液，使植株生长不良，叶片萎缩而弯曲，排泄物可诱致煤污病发生。成虫栖息时，在树枝上往往排列成整齐的“一”字形。若虫有群集性，初孵若虫常群集在附近的叶背和枝条上。随着虫龄增大，虫体上的白色蜡絮加厚，且略有三五成群分散活动；若虫善跳，受惊动时便迅速弹跳逃逸。

防治方法：

在成虫产卵前、产卵初期或若虫初孵群集未分散时施药，可选用 48% 乐斯本乳油、10% 吡虫啉可湿性粉剂、25% 噻嗪酮可湿性粉剂按使用说明喷雾防治。由于该虫被有蜡粉，药液中如能混用含油量 0.3%~0.4% 柴油乳剂或黏土柴油乳剂，可显著提高防效。

图 32 遭受白蛾蜡蝉危害的植株

图 33 白蛾蜡蝉

图 34　白蛾蜡蝉成虫

大叶伞

大叶伞生物学特性

形态特征

大叶伞（*Schefflera actinophylla*）又叫昆士兰伞树、昆士兰遮树、澳洲鸭脚木，五加科常绿小乔木。茎干直立，高可达30米，少分枝，初生茎绿色，叶柄痕很明显，后逐渐木质化，表皮呈浅褐色，平滑。叶为掌状复叶，苗期掌叶3~5片，稍大的苗掌叶5~7片，到长成乔木时掌叶可达16片。叶面浓绿而有光泽，叶背淡绿色，叶柄红褐色。伞状花序，顶生，花小，白色，春季开花。种子在8—10月成熟，成熟时果实呈橙色。大叶伞植株轻盈优雅，远看像一把高高举起的伞，苍翠挺拔，是盆栽的优秀树种（图35）。

图35 大叶伞盆栽

对环境条件的要求

大叶伞原产澳大利亚以及太平洋的一些小岛屿上，是热带树种。适生于温暖湿润及通风良好的环境，喜阳也耐阴，一般在幼苗阶段比较耐阴，长大后变成中性偏阳的树种（图 36~37）。在夏季烈日暴晒下，小苗的叶片会失去光泽并灼伤枯黄。而栽培环境太阴暗又会造成植株徒长、叶片瘦弱，一见太阳叶片就会蔫垂，严重时还会引起落叶。大叶伞在疏松、肥沃、排水良好的土壤中生长良好。不甚耐寒，冬季温度低于 8℃时应转移到保温大棚内，否则叶片会发黄，失去光泽，严重时叶片会干枯。

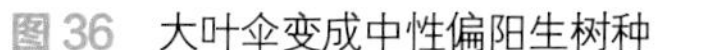

图 36 大叶伞变成中性偏阳生树种

图 37 大叶伞可在树荫下生长

大叶伞栽培技术

盆栽产品规格要求

大叶伞的盆栽主要有两大类型：一类是丛生型小盆栽（图38），苗高50~80厘米，2年生，用30厘米口径的角盆种植，每盆种3~5株；另一类是大型盆栽桩景，用口径48厘米以上的大盆种植，有单干型和多干型两种。用茎段催根形成的组合盆栽产品暂时还没有。

图38 丛生型小盆栽

1. 单干型

单干型盆栽（图 39），一般每盆种植 1 株大叶伞，要求树干通直，胸径 6 厘米（或地径 10 厘米）以上，干高 1.6~1.8 米，树桩上有 3 个以上、大小一致、均匀分布的枝芽，形成完整的树冠。

图 39 单干型盆栽

2. 一头多干型

一头多干型盆栽（图 40），每盆仅种 1 株大叶伞，地径要求 12 厘米以上，在离地 20~30 厘米分枝，分枝点要越低越好，并且有 3 个以上均匀分布的分枝，各分枝在 1 米高处的直径 4 厘米以上。各分枝的高度依造型而定，最低 60 厘米，最高 1.8 米。从树头到分枝的过渡要自然，近枝干顶端 30 厘米范围内有 3 个以上、大小一致、分布合理的枝芽，形成完整的树冠。

图 40　一头多干型盆栽

图 42　茎段式组合盆栽

图 41　丛植型盆栽

目前有一种类似于一头多干型盆栽的形式——丛植型盆栽（图 41），每盆种 3~5 株，甚至更多，均匀地分布在盆中，高矮错落有致。为了使丛植型盆栽产品达到理想的景观效果，要求各株的树干通直，干高 1.6~1.8 米，干径要求 4 厘米左右。各株的高度从 60 厘米到 160 厘米不等，依造型而定，各株都能抽芽发叶，形成完整、丰满、匀称的树冠。

3. 茎段式组合盆栽

类似巴西铁棍的盆栽形式（图 42），由 3 根长短不一的大叶伞茎段切枝（棍）扎在一起，种在直径 30 厘米以上的角盆中，生根发芽后，形成层次分明的桩景效果。要求所选的茎段切枝通直，长 0.8~1.6 米，直径 4~8 厘米，太细或太粗都不适宜。

大叶伞大型盆栽产品生产的基本设施

大叶伞的生产可划分为 3 个阶段：第一阶段是育苗，主要是生产筛苗和容器苗，先用播种筛育苗，再将筛苗育成容器苗（袋苗）；第二阶段是大苗的培育，将容器苗（袋苗）培育成适合盆栽的桩景材料；第三阶段是上盆栽植，将育成的桩景材料起苗、处理、盆栽。

1. 筛苗和容器育苗阶段

目前主要由专业种苗公司生产，要求在通风及遮阴的育苗大棚内进行，可用标准塑料遮阳大棚，也可用简易遮阳小拱棚（图 43）。

图 43 育苗设施

2. 大苗培育阶段

大苗培育阶段（图 44）的生产比较简单粗放，在苗木基地进行就可以了，但要求种植地的土层深厚、土壤疏松肥沃，种植前要先整好地、做好排灌沟，以防雨天涝灾。

图 44 大苗的培育

3. 上盆栽植阶段

最好有遮阴、防雨的大棚，以方便上盆后催根、催芽时的遮阴、保湿要求（图 45）。

图 45 简易大棚内盆栽养护

1. 繁殖育苗

大叶伞可用播种、扦插、组织培养等方法育苗。在广东大叶伞主要用播种法育苗（图 46），由专业种苗公司生产成筛苗，在种苗专业市场销售与购买。

图 46 播种育苗

2. 幼苗培育

将筛苗先培育成容器苗，然后再将一年生的容器苗地栽培育成大苗。专业种苗公司也生产容器苗，所以大叶伞容器苗也可以直接在种苗专业市场购买。

在每年 3—4 月选购大叶伞筛苗（图 47），每筛 300~400 苗，苗高 6~8 厘米，要求苗木整齐、嫩绿、长势好，不能用黄化苗

图47 筛苗

或老化苗。

基质采用75%泥炭+20%珍珠岩+2.5%鸡粪（经堆沤）+0.5%进口复合肥+少许生石灰的配方，将基质搅拌均匀并调节pH至6.0~6.5，配制好的基质装入15~18厘米口径的育苗袋（容器）中，每袋种大叶伞苗一株（图48）。

将种好的容器苗整齐码放在播种筛中（图49），每筛24袋苗，然后搬到育苗棚中，淋透水，结合淋水可以淋1次50%百菌清0.15%~0.2%溶液。成活期间做好淋水、病虫害等预防工作，每隔15天左右喷洒1次50%多菌灵0.3%~0.5%溶液。种植后的容器苗需要在50%的遮阳棚下栽培，以快速恢复生

图48 容器苗（袋苗）

图 49 容器育苗

长，避免夏季烈日暴晒而使叶片失去光泽或灼伤、枯黄。3—10 月是大叶伞的旺盛生长期，生长量较大，一般每月施 1 次肥。秋末及冬季要减少浇水量，控制施肥量，可在秋末喷施 1~2 次 0.3%~0.5% 的磷酸二氢钾等叶面肥，以促进枝叶老化，提高冬季抗寒力。同时要将遮阳网揭开，进行炼苗。

大叶伞是速生树种，经过 1 年的培育，地径达到 0.4 厘米，苗高 0.4 米以上，且小苗直立不弯曲、生长正常、不带检疫性病虫害时，可转到基地继续培育成盆栽桩景用的材料。

苗木田间培育

1. 生产基地的选址

生产大叶伞树桩材料最好选择在交通便利，地形平坦，地势较高，背风，光照时间偏短，灌溉方便，肥沃、疏松的耕地或土层深厚、肥沃、疏松的山脚坡地（旱地）（图 50）。种植前先要深耕翻土，施足基肥，打碎作畦。畦面规格为宽 1 米、高 30 厘米，步道宽 60 厘米，同时还要规划好排灌沟。

图 50 地栽培育

2. 种植密度

培育单干型、一头多干型树桩及茎段用的材料，初植密度为株行距 0.8 米 ×0.8 米，第 2 年疏苗 50%，株行距增至 1.6 米 × 1.6 米。培育丛植型植株时，3~5 株合成一丛，丛与丛之间的密度同上。

3. 种植方法

容器苗种植的时间可安排在每年 2—9 月进行。种植时一定要撕开育苗袋，同时尽量不要弄散根部所带的土团。按株行距用锄挖深约 25 厘米的种植穴，将撕去育苗袋的小苗放入穴中扶正，回填泥土压实，种植深度比原来的栽植痕深 2~5 厘米。丛植型植株的种植：取已经撕去育苗袋的 3~5 株小苗，一起放入种植小穴中。如果是种3株苗，那么这些株小苗呈品字形排列；如果是种5株苗，则中间1株，其余4株均匀地分布在这株小苗周围。将各株小苗摆正后，回填泥土压实，种植深度比原来的栽植痕深2~5厘米。

4. 田间管理

（1）日常管理　种植后及时浇足定根水，做好水肥管理工作。每年的3—10月，大叶伞的生长特别旺盛，生长量较大，需要及时施肥，一般1个月施肥1次。秋末及冬季要控制施肥量，直到不施肥，以利于过冬。在树冠密闭前要做好除草、松土等日常管理工作，雨季要注意防涝，雨后及时松土，同时也要注意病虫害的防治。

大叶伞树干通直，分枝少，种植期间要防止因大风吹袭而引起的树干弯曲，发生这类情况时应及时扶正。如果是小苗阶段出现树干弯曲，可在旁边插一根竹竿，将大叶伞植株的弯曲部分绑在竹竿上进行矫正。

（2）间苗与断根处理　为了使成型的大叶伞植株起苗时能够多带细根，第2、第3年要分东西、南北方向进行断根处理，促进细根的萌发。一般头年在南北两侧贴着树头用利锹垂直插下去将根系切断，第2年在东西两侧贴着树头用利锹垂直插下去将根系切断。经过这样一轮断根处理的植株，起苗时粗大的侧根少了，沿着截断的侧根截口周边会长出很多细根来，对移植上盆非常有利。

大叶伞的生长速度很快，地栽第3年要进行疏苗，隔一行隔一株把苗移疏，将株行距增大1倍，保证种植期间有充足的阳光，才能培育出壮实的苗木。

（3）圈枝与促芽处理　在广东中南部，由于有气候上的优势，种植4~5年，大叶伞就可以长到胸径8厘米、树高6米以上，可以截成1段树桩及2~3段茎段切枝。在起苗前，可在田间进行圈枝与促芽处理（图51），以提高树桩及茎段切枝的质量。

图 51 圈枝与促芽处理

圈枝（图 52~58）：在生长季节进行，选择合规格要求的植株，在离地面 1.7 米高处相距 5~10 厘米用钝刀环状割两圈，将树皮切断，然后将整圈树皮剥掉。2~3 天后，以环割口的上端为中心，用黏稠的泥浆包裹成一个鸡蛋状的小泥球，小泥球的外面用一块方形薄膜包裹，上下两端再用扎带绑紧。为了加快环割口上端愈合组织的形成及出根，包裹的泥浆可用 100 毫克 / 升的吲哚丁酸溶液调制。圈枝后如天气炎热，植株的叶片会出现暂时发黄等情况，这是由于圈枝造成一定的损伤所致，问题

图 52 圈枝方法

图 53 圈枝口的愈合情况

不是很大，一段时间后会逐渐恢复生机。1个月后环割口开始愈合并出根，可以根据需要决定截下来种植的时间。

图54 圈枝口包裹小泥球

图55 小泥球外用薄膜包裹

图56 用扎带绑小泥球上下两端

图 57 包裹泥团与薄膜

图 58 圈枝口上端出根

如果植株比较高，可以分段圈枝处理，圈口间的距离 1.6 米（图 59~62）。

图 59 分段圈枝处理

图 60 上下 2 个圈枝口

促芽处理（图 63）：在进行圈枝促根的同时，树桩段可以进行促芽处理。具体方法如下：先配好 50 毫克 / 升的 6- 卞基嘌呤（6-BA）溶液，在圈枝完成后，用它涂抹树干上需要促发潜伏芽的部位，即脱落的叶柄痕的位置。由于涂抹 6- 卞基嘌呤溶液的量很少，过一会儿就干了，所以要进行保湿处理，可以用保鲜膜包裹处理，或者用水苔包裹处理，也可以通过多涂几次的方法来处理。

图 61　圈枝口包泥球

图 62　泥球外包薄膜并扎紧

图 63　圈枝与植物生长调节剂促芽处理的效果观察

经促芽处理后诱发的新芽老熟时，树桩就可以挖起来盆栽了。

一头多干型树桩，如果各分枝的分布比较均匀，树桩质量好，那么就不用进行促芽处理了。

起苗、包装技术

单干型、一头多干型、丛植型树桩的起苗、包装方法基本上是相同的，只不过丛植型是几株种在一起，起苗包装时当一株或一丛来处理。

1. 起苗

大叶伞是速生树种，木质疏松清脆，含水量很高，树桩起苗种植、茎段插植的季节都很讲究，最好选择在11—12月树体含水量低的时期，茎干不容易霉烂，类似于南方木薯茎干的埋藏与种植季节。1—3月也可以，但要尽早起苗，到3月的时候树体的含水量明显增高，上截口会分泌大量的树胶，容易感染与发霉。

选择胸径4厘米以上、树干通直匀称的植株，紧贴树头起苗，土球尽可能挖得越小越好，大根一定要贴着树头截断，遇到细根可适当留一些，土球的直径尽量小于25厘米，土球高尽量小于20厘米，以便上盆种植。

将挖起来的苗截取1.8米长的树桩段后，剩下的树干按1.6米的长度截段，挑选树干笔直、树皮鲜褐色、叶柄痕完全退去的茎段切枝作盆栽用；剔除树皮绿色、叶柄痕明显或叶柄未脱落的尾段。经圈枝处理的植株，在圈口下端将植株截段。

2. 包装

（1）**树桩的处理与包装** 如果就近上盆种植，进行简易处理就可以了。将挖出来的土球尽量再修细些，把大根尽量再截短些，截口修平，然后在截口上涂一层用吲哚丁酸溶液和百菌清溶液调配的黏稠黄泥浆。吲哚丁酸的使用浓度：大约1桶泥浆用1克吲哚丁酸，吲哚丁酸要先用无水酒精溶解，再用1升清水稀释；百菌清的使用浓度，可参考农药包装袋上的说明。

如果要调运到外地，或者对检疫有较高的要求时，应进行较严格的处理和包装。具体做法是：

用一字螺丝刀挑去头根上的泥土，用高压水枪冲洗干净头根及树干，将根系紧贴树头截平，使树头尽量小，以便上盆种植。接着放入消毒池中浸泡 10~15 分钟，之后码放在通风、阴凉、干净的架子上晾干。消毒剂选用甲基托布津、多菌灵等常用的广谱杀菌剂，浸泡浓度为 0.2% 的溶液。

选取干净的黄泥心土，捣碎，放入干净的浅池中，加适量清水，搅成黏稠的泥浆，泥浆中再按比例加入适量的吲哚丁酸等生根剂溶液以及广谱杀菌剂，搅拌均匀。

将稍为晾干的大叶伞头根部分在泥浆池中蘸一下，均匀地涂上一层泥浆。

选择无纺布，裁成 80 厘米 ×60 厘米的规格，用它来包裹经过上述处理的大叶伞树头，然后用包装绳扎紧。由于选择在 11—12 月起苗，树干的截口不用封蜡，也不用其他处理。

如果树桩经过促芽处理，且所发的芽比较长，为了避免弄断新芽，要用报纸或包装膜将树干及新芽包扎好。

整个操作过程在通风阴凉的简易工作棚下进行。

（2）茎段切枝的包装　将截好的茎段切枝洗净，用浓度为 0.1% 甲基托布津溶液浸泡后晾干，用浓度为 500 毫克 / 升的吲哚丁酸溶液浸泡茎段切枝的下端 10 分钟，然后在截口上涂一层用吲哚丁酸溶液和百菌清溶液调配的黏稠黄泥浆（图 64）。黄泥浆的调配方法参照大叶伞树桩处理时的做法。

选择无纺布，裁成 40 厘米 ×30 厘米的规格，用它来包裹经过上述处理的大叶伞茎段切枝的下端，并用包装绳扎紧。茎段切枝的上截口不用封蜡，也不用其他处理。

经过圈枝处理的茎段切枝，包装处理比较简单，但是要注意不能把圈枝口上的小泥球搞松或者把根搞断了。

图 64 茎段切枝的处理

树桩段的盆栽与催根促芽技术

1. 单干型

（1）盆栽与促根技术　单干型盆栽产品，每盆仅种 1 株大叶伞树桩，要求树桩的胸径 6 厘米以上，小于 6 厘米的树桩显得单薄，不够分量，所以要挑选大的植株作为单株盆栽（图 65）。

图 65 大叶伞树桩的盆栽

根据植株的大小，选择口径 35~48 厘米的塑料大盆或彩釉陶盆，基质最好选用进口泥炭与珍珠岩按 3 ∶ 1 的比例调配而成的混合基质，这种基质疏松、通透性好，pH 适宜。另外可选用优质塘泥与火烧土按 7 ∶ 3 的比例配制而成的基质，这种基质肥沃，通透性好，排水性好，盆栽大叶伞成品不易倒伏。

种植前盆底的排水孔用一块双层滤网盖住以利于排水，在盆底放一层粗沙作为疏水层，然后加入一薄层基质。如果树桩所带的泥球外有包装的要先拆掉，检查根部有无异常，腐烂、发霉的树桩要重新进行清理、消毒、涂生根剂等处理。将树桩泥球放入盆中，扶正，四周加入基质一直到接近盆面为止，压实，将盆边清理干净。

种植经过促芽处理的树桩时，要小心保护已经萌发的芽体。

上盆后的植株搬到覆盖遮光率 75% 遮阳网的大棚内，浇透定根水。为了防止植株歪斜或倒伏，可在离地 1.5 米高处搭纵横交错的竹架固定各植株。每天淋水 1 次，每周浇 1 次浓度 0.1% 甲基托布津溶液，大棚内保持 23~25℃的温度，并保持通风及较大的湿度，以利于恢复生根。一般种植后 1~2 个月便能正常出根长芽。

（2）盆栽大叶伞的促芽技术（图 66） 未经促芽处理的大叶伞树桩，上盆栽植一段时间后会相继生根发芽。由于这个时候的根系还比较弱，所以树干上萌发的芽的数量、长短大小、强弱各不相同，造成商品品质不稳定，成品率

图 66 盆栽促芽

图67 经截干处理后的发芽情况

比较低。

解决上述问题的办法是将盆栽大叶伞树桩进行截干，保留干高1.6米左右，让树桩重新发芽（图67）。这次截干距离上盆种植2~3个月的时间，间隔的时间太短，根系弱，截干后发的芽同样还是不壮。另外，截干前10~15天，一定要施1次肥，使植株有充足的养分，才能在整根树桩的上上下下多发芽、发壮芽。

（3）盆栽大叶伞促芽技术 由于存在顶端优势，树干上端发的芽会比较壮，越靠下端发的芽越弱，甚至不能发芽，所以除了最上端10厘米的芽位外，树干的其他部位要用40~50毫克/升的6-卞基嘌呤溶液涂抹促芽，使树干上下都能够尽量发芽，而且所发的各个芽的大小保持相对一致，形成丰满、匀称的树冠，提高商品率。

截干后的大叶伞盆栽树桩，可以露天或者放在50%以下的阴棚内栽培，大约1个月就能成景。

经促芽处理的大叶伞树桩上盆栽植后，要做好保湿保温工作，最好放入遮光率50%的塑料薄膜大棚内保养栽培。

2. 一头多干型

（1）盆栽与促根技术（图68） 一头多干型盆栽，最好选择有3个以上分枝的树桩，分枝点越低越好，并且各分枝分布要均匀，胸径4厘米以上，这样的树桩地径通常大于12厘米。

各分枝的胸径越大，树桩的地径也跟着越大。

盆栽与促根技术要点同“单干型”。

（2）盆栽大叶伞的促芽技术（图69） 大叶伞上盆栽植一段时间后会相继生根发芽，由于这时的根系还比较弱，所以各分枝上萌发的芽的数量、长短大小、强弱各不相同，造成商品品质不稳定，成品率比较低。

促芽技术同“单干型”。

图68 一头多干型大叶伞的盆栽与促根

3. 丛植型

丛植型盆栽（图70）种植用的花盆要选择口径40厘米以上的塑料花盆，基质最好选用进口泥炭与珍珠岩按3 ∶ 1的比例配制而成的混合基质，这种基质疏松、通透性好，pH适宜。另外可选用优质塘泥与火烧土按7 ∶ 3的比例配制而成的基质，这种基质肥沃，通透性好，排水性好，盆栽大叶伞成品不易倒伏。

种植前盆底的排水孔

图69 盆栽促芽

用一块双层滤网盖住以利于排水，在盆底垫一层粗沙作为疏水层，然后加少量基质垫底。选择大小适中的大叶伞树丛，把外包装材料拆掉，然后把它放入盆内，试试花盆能否种得下。如果土球太大的话，要把土球削细些，之后将它放入盆中，扶正，四周加入基质一直到接近盆面为止，压实，将盆边清理干净。

图 70 丛植型盆栽

上盆后的植株搬到覆盖 75% 遮阳网的大棚内，浇透定根水。之后每天淋水 1 次，每周浇 1 次浓度 0.1% 甲基托布津溶液。大棚内保持 23~25℃的温度，并保持通风及较大的湿度，以利于恢复生根，一般种植后 1~2 个月便能长出新根。

按照单干型或一头多干型树桩的促芽方法，同样可使丛植型大叶伞植株多发芽，形成完整的树冠造型。

茎段切枝的组合盆栽与催根促芽技术

茎段切枝的组合盆栽与催根促芽技术是大叶伞栽培中的一项综合创新技术，它的优势非常明显，适合作高端栽培。通常将 3 段笔直、大小一致、长度不同的茎段切枝组合捆扎在一起，种在同一盆中，生根发芽后形成干净利落、高低错落有致、层次分明、清新飘逸的盆栽景观。为了达到这样的效果，种植前茎段材料要重新分级，按茎段的曲直、长短、粗细归类，弯曲

图 71 大叶伞茎段

的茎段一般不能用，种在同一盆中的 3 根茎段切枝粗细尽量不要太悬殊。

7. 盆栽与促根

挑选 3 段茎段切枝，要求笔直、粗细一致。将茎段切枝下端的包装拆掉，并把包裹的泥浆层洗干净，检查下端截口的情况，发现霉烂的截口要把它截掉，然后将茎段切枝按 1.6 米、1.2 米、0.8 米截成 3 段。先将这 3 段的下端切口用利刀削平，并将皮层削成整齐的斜面，然后重新用浓度为 500 毫克 / 升的吲哚丁酸溶液浸泡茎段切枝的下端 10 分钟，之后茎段切枝下端 10 厘米的范围内涂一层用吲哚丁酸溶液和百菌清溶液调配的黏稠黄泥浆（图 71~73）。

图 72 茎段下端削成斜面

图 73 茎段下端处理

经圈枝处理的茎段切枝，种植前要把包裹圈枝口小泥球外的薄膜拆掉，检查小泥球有无松脱。小泥球无松脱的可以直接种植，小泥球松脱的要把下端冲洗干

净后用浓度为500毫克/升的吲哚丁酸溶液浸泡茎段的下端10分钟，然后下端10厘米的范围内涂一层用吲哚丁酸溶液和百菌清溶液调配的黏稠黄泥浆。

图74　大叶伞茎段插植催根

根据茎段切枝的粗细挑选花盆，一般要选直径30厘米以上的角盆。种植基质最好用新挖的、干净的黄泥心土，将黄泥心土打成1厘米大小的碎块，在盆底放入适量较粗的黄泥心土碎块作垫底层。将3根不同长度的茎段切枝合并在一起放入盆中，这3根茎段最顶端的芽向要调整好，使发芽后的树冠能够形成匀称的层次。在3根茎段切枝的四周填入黄泥心土碎块直至盆面，并稍用力压实，把盆面清理干净，完成了种植。在0.6米高处以及1.0米高处分别用装饰带将茎段切枝绑紧，以免摇晃或松散倒伏。

图75　采用不同浓度的催根剂处理后的出根效果

图76　茎段切枝的促根效果

种好后搬到遮光率75%、温度23~25℃的塑料大棚内，第一次用

0.1% 多菌灵溶液作定根水浇灌到盆底出水为止，之后在棚内催根催芽。在冬季插植，2~3 个月可以生根出芽。

实际上大叶伞茎段切枝也可以先进行插植催根处理（图 74~76），在生根后再挑选适宜的茎段截成不同的长度进行组合盆栽，盆栽效果更加好。

2. 茎段切枝组合盆栽的促芽技术

茎段切枝组合盆栽是将 3 段不同长度的大叶伞茎干并在一起种植，各茎段都存在顶端优势，最顶端附近都能够发 2~3 个芽，所以不用促芽都能够形成比较好的树冠（图 77~80）。种植后在大棚内催根期间可以分多次向茎干喷 10~20 毫克 / 升的 6- 卞基嘌呤进行促芽，再根据萌芽的位置选留合适的芽位。

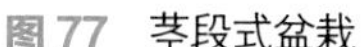

图 77　茎段式盆栽

图 78　茎段组合盆栽产品

图 79 组合盆栽的茎段切枝

图 80 生根情况

盆栽产品的保养与再利用技术

1. 盆栽产品的保养

大叶伞是中性偏阴生的植物，非常适合在室内摆放，美化环境。摆放的位置最好有散射光，使植株能够保持清新、亮绿的叶色（图 81）。如果是用彩釉盆种植的，盆底要垫承水托，以免淋水时多余的水外泄而弄脏地板；如果是用塑料盆种植的，可以在外面套一个盆底没有排水孔的装饰盆，提升其档次，使盆栽树桩更加美观。

图 81　盆栽大叶伞的摆放位置

盆栽树桩要定期淋水，保持叶片的亮绿色泽，承水托或套盆内的污水也要定期清理。隔一段时间，要用干净柔软的抹布轻轻擦去叶片上的灰尘。

大叶伞的摆放时间可长达半年，之后应进行轮换。把它搬回保养大棚内，清理盆面垃圾，松土施肥，修剪枯枝残叶，打药。施肥最好用花生麸，把它敲成细块后埋施在盆边。如果盆栽树桩的顶芽出现徒长的现象，可以把徒长的芽剪短，重新萌发新芽。

2. 大叶伞盆栽的再利用技术

盆栽大叶伞使用一段时间后，会因生长环境以及日常养护管理等问题而逐渐变形，失去原先美丽的景观。对于大叶伞树桩，不管是单干型还是一头多干型，都可以采用截干促芽的方法，让盆栽树桩重新抽芽，恢复树冠（图 82）。

图 82 盆栽树桩的矮截与再利用

具体做法：将失去观赏价值的盆栽大叶伞树桩用锋利的手锯将树桩矮截 20 厘米，把树冠全部截去，保留没有萌芽的树干部分。如果原先的树桩高度 1.6 米，经过这次矮截后，树桩高度还有 1.4 米左右。处理完成后搬到保养大棚内，除去盆面的杂质，用小花铲把盆面基质挖松，施足肥，之后每天坚持淋水，1~2 个月树桩又可以恢复景观。

这种方法可以做 2~3 次，直至树桩高度 0.6 米左右。不管树桩是高是矮，观赏效果都很不错。

大叶伞病虫害防治

病虫害防治是苗木生产中的重要一环。在高温多湿、通风不良的育苗大棚内，大叶伞在小苗阶段会发生炭疽病或受到介壳虫、蚜虫、红蜘蛛等的危害，所以要注意做好预防工作。

主要病害及其防治

大叶伞苗期的病害主要是炭疽病，发生在幼苗底层的老叶，新发的嫩叶一般较少。发病的原因是高温、高湿，幼苗密不透风，因此在苗期要经常观察，间隔一段时间要喷洒药物进行预防。

主要虫害及其防治

1. 介壳虫

主要发生在苗木拥挤、通风不良等情况下，树干上部、叶柄基部、叶底到处滋生介壳虫，造成叶片卷曲、黄叶、落叶，严重影响植株的生长。防治的方法：首先是进行修剪，剪掉太密的叶片，改善通风透光。其次是合理施肥，增强大叶伞自身的抵抗力。第三是用药物防治，在卵孵化盛期或初孵若虫四处爬行、介壳尚未形成前喷杀药剂，可选用 2.5% 溴氰菊酯 2 500 倍液、48% 乐斯本乳油 1 200 倍液、40% 杀扑磷 1 000 倍液加机油乳剂 150 倍液或 40% 速扑杀乳油 800~1 000 倍液喷施。交替轮换用药，喷药时应注意全株喷洒，叶正反两面都要均匀着药，可在药液中加少量洗衣粉增加药液的黏着能力。

2. 蚜虫

蚜虫主要发生在植株的嫩叶及顶芽等幼嫩部分，造成叶片扭曲变形，影响盆栽的观赏效果。发现植株滋生蚜虫，应及时防治，可用吡虫啉、扑虱蚜等农药按使用说明喷杀。

3. 红蜘蛛

主要发生在高温、通风不良的环境下，危害叶片，使叶背出现黄斑，叶片卷曲。发现红蜘蛛的危害，应及时处理，可用阿维必虫清、哒螨灵、扫螨净等药剂喷雾防治，一般每隔 5~7 天喷药 1 次，连喷 2~3 次。注意轮换用药，喷药时注意喷洒均匀。

附录1 幌伞枫生产技术规程

幌伞枫（*Heteropanax fragrans*）又叫广伞枫，五加科常绿乔木。原产我国云南、广东、海南及广西等地，属热带和南亚热带的乡土树种。高可达30米，树干通直，叶主要集中在茎干顶部，叶形巨大，三至五回羽状复叶形成近球形的树冠，苍翠挺拔，观叶、观茎、观姿效果好，是很好的园林景观树种，是茎段式盆栽的新秀。为了促进幌伞枫的标准化、规范化生产，特制定本规程。

一、范围

本规程规定了幌伞枫的术语和定义、苗圃地选择与整理、播种苗的培育、移植及苗木管理等栽培技术。

本规程适用于广东中、南部地区幌伞枫的栽培，也可供立地条件相近地区参照应用。

二、规范性引用文件

下列文件中的条款通过本规程的引用而成为本规程的条款。凡是注日期的引用文件，其随后所有的修改单（不包括勘误的内容）或修订版均不适用于本规程，然而，鼓励根据本规程达成协议的各方研究是否可使用这些文件的最新版本。凡是不注日期的引用文件，其最新版本适用于本规程。

《农药安全使用标准》（GB 4285—89）

《农药合理使用准则》（GB/T 8321）

三、术语和定义

下列术语和定义适用于本规程。

地径：地际直径，指苗木近地表处的粗度。

苗高：自地径至顶芽基部的苗干长度。

胸径：距地径 1.3 米处苗干直径。

土球：挖掘苗木时，按一定规格切断根系，保留土壤呈圆球状，并加以捆扎、包装的苗木根部。

四、苗圃地选择与整理

1. 苗圃地选择

选择交通便利、地形平坦、地势较高、光照时间偏短、灌溉方便、肥沃、疏松的耕地或土层深厚、肥沃、疏松的山脚坡地。

2. 苗圃地整理

播种育苗床应选择在土层深厚、肥沃的地方，先清除杂草，深翻土地，按畦宽 1.0~1.2 米、高 20~25 厘米的规格作播种床，播种床之间的步道宽 30~40 厘米。播种床面要求平整细致。

培育大苗的用地要做好工作通道及排灌系统的规划，按畦宽 1 米、高 30 厘米的规格整地，畦与畦之间的步道宽 60 厘米。整地前要清除杂草，深翻土壤并施足有机肥。

3. 苗床消毒

播种前播种床要消毒，可用多菌灵或甲基托布津等杀菌剂进行土壤消毒，也可以用 0.3%~0.5% 的高锰酸钾溶液进行消毒。

五、播种

1. 采种

幌伞枫种子容易采集，而且播种育苗简单快捷，育成的苗木造型好，因此生产上主要采用播种育苗。选择树龄 20 年以上、健壮、无检疫性病虫害的植株为采种树，在 3—4 月果实呈紫红色至紫黑色时采收。

2. 果实、种子的处理

将采集的果实堆在通风阴凉处沤 2~3 天，使果肉软烂，如果种实够熟，也可以直接用手抓烂果肉，然后用清水冲洗干净取得种子。将种子摊放在通风阴凉处略为晾干后，随即播种，发芽率达 60%~70%。

3. 播种

播种在 3—4 月采种后随即进行。采用条播，在播种床上开播种沟，沟宽 10~15 厘米，沟深 15 厘米，沟距 30 厘米，将种子均匀地撒在播种沟里，然后盖一层 0.7~1.0 厘米厚的薄土，最后用遮阳网覆盖播种床。

4. 播种苗的管理

（1）幼苗出土前的管理　幼苗出土前，主要是淋水，保持播种床的湿润，阴雨天应搭小拱棚覆盖薄膜，并做好清沟排水工作。幌伞枫播种后大约 20 天就开始发芽，当 50% 以上的幼苗出土后，要及时将覆盖在播种床面的遮阳网揭开，改为遮阳小拱棚。

（2）苗期管理　幼苗出齐后，要及时追施 0.1% 的尿素液肥，并用 50% 百菌清可湿性粉剂配制 0.15%~0.2% 溶液或 50% 多菌灵可湿性粉剂配制 0.15%~0.2% 溶液交替喷洒苗床，预防病虫害发生，大约半个月喷施 1 次，连喷 3 次。

平时要做好松土、除草、施肥、淋水等日常管理工作。当苗高 10 厘米左右时，可移入营养袋，每袋种 1 株苗。营养土采用塘泥、园土及其他基质，可以加入适量的基肥作为底肥，混匀后装袋。

（3）营养袋苗管理　将容器苗摆放整齐，淋足定根水，并喷淋 1 次百菌清 0.15%~0.2% 溶液进行消毒，随后覆盖遮光率 50% 的遮阳棚。平时做好淋水、除草、施肥及病虫害的防治工作。幼苗种植 2 个月后，根据生长情况选择阴天将遮阳棚拆去。

5. 播种苗规格

容器苗经过 1 年的培育，小苗直立不弯曲，不带检疫性病虫害，地径大于 4 厘米，苗高大于 40 厘米，即可作为大苗培育的用苗。

六、大苗培育

1. 移植

培育单干型、一头多干型树桩用的材料，初植密度为株行距 0.8 米 ×0.8 米，第 2 年疏苗 50%，株行距增至 1.6 米 ×1.6 米。

容器苗落地种植的时间可安排在每年 2—9 月进行，种植时一定要撕开育苗袋，同时尽量不要弄散根部所带的土团。按株行距用锄挖深约 25 厘米的小穴，将撕去育苗袋的小苗放入穴中扶正，回填泥土压实。种植深度比用容器种植时深 2~5 厘米。

2. 大苗培育

种植后及时浇足定根水，做好水肥管理工作。每年的 3—10 月，幌伞枫的生长特别旺盛，生长量较大，需要及时施肥，一般 1 个月施肥 1 次。秋末及冬季要控制施肥量，以利于过冬。在树冠密闭前要做好除草、松土等日常管理工作，雨季要注意防涝，雨后及时松土，同时也要注意病虫害的防治。

幌伞枫树干通直，分枝少，种植期间要防止因大风吹袭而致树干弯曲，发生这类情况时应及时扶正。如果是小苗阶段出现树干弯曲，可在旁边插一根竹竿，将植株的弯曲部分绑在竹竿上进行矫正。

为了使成型的幌伞枫植株起苗时能够多带细根，第 2、第 3 年要分东西、南北方向进行断根处理，促进细根的萌发。一般头年在南北两侧贴着树头用利锹垂直插下去将根系切断，第 2 年在东西两侧贴着树头用利锹垂直插下去将根系切断。经过这样一轮断根处理的植株，起苗时粗大的侧根少了，沿着截断的侧根截口周边会长出很多细根。

幌伞枫的生长速度很快，地栽第 3 年要进行疏苗，隔一行隔一株把苗移疏，将株行距增大 1 倍，保证充足的阳光，才能培育出壮实的苗。

苗木种植 3 年后，胸径达 8 厘米以上即可出圃供茎段式盆栽用。

3. 病虫害防治

农药使用按 GB 4285—89 和 GB/T 8321 的规定执行。

幌伞枫的幼苗期容易患立枯病，低温、阴雨，育苗地排水不畅、积水是立枯病形成的原因，所以要搭建简易防雨棚，做好育苗地的排涝工作，防止积水。同时要积极做好预防措施，可用敌克松 0.1% 溶液、甲基托布津 0.1% 溶液及 50% 多菌灵可湿性粉剂 0.3%~0.5% 溶液交替喷洒防治。

为害幌伞枫的害虫主要为铜绿金龟子幼虫、蛴螬、地老虎及介壳虫。

铜绿金龟子幼虫啃食苗木根部和嫩茎，影响生长，轻则可使苗木枯黄，重则致幼苗死亡。

地老虎，俗称土蚕、切根虫，是重要的地下害虫，在近地面下从基部蛀洞或咬断幼茎，使整株死亡，造成缺苗。在整地施基肥时每穴加施 3~5 克呋喃丹，可以防治地下害虫。

介壳虫，主要发生在树冠郁闭、通风不良等情况下，树干上部、叶柄基部、叶底到处滋生介壳虫，造成叶片卷曲、黄叶、落叶，严重影响植株的生长。可用速扑杀 1 000 倍液进行防治，每隔 7~10 天喷施 1 次，连喷 2 次，也可以用 40% 乐斯本 1 500 倍液进行防治。

附录 2 大叶伞生产技术规程

大叶伞（*Schefflera actinophylla*）又叫昆士兰伞木、昆士兰遮树、澳洲鸭脚木，五加科常绿小乔木。原产于澳大利亚及太平洋中的一些小岛屿。茎干直立，少分枝，初生枝干绿色，后逐渐木质化；表皮呈褐色，平滑。叶为掌状复叶，叶片浓绿而有光泽，苍翠挺拔，观叶、观茎效果好，是茎段式盆栽的优秀树种。为了促进大叶伞的标准化、规范化生产，特制定本规程。

一、范围

本规程规定大叶伞的术语和定义、苗圃地选择与整理、育苗、移植及苗木管理等栽培技术。

本规程适用于广东地区大叶伞的栽培，也可供立地条件相近地区参照应用。

二、规范性引用文件

下列文件中的条款通过本规程的引用而成为本规程的条款。凡是注日期的引用文件，其随后所有的修改单（不包括勘误的内容）或修订版均不适用于本规程，然而，鼓励根据本规程达成协议的各方研究是否可使用这些文件的最新版本。凡是不注日期的引用文件，其最新版本适用于本规程。

《农药安全使用标准》（GB 4285—89）

《农药合理使用准则》（GB/T 8321）

三、术语和定义

下列术语和定义适用于本规程。

地径：地际直径，指苗木地表处的粗度。

苗高：自地径至顶芽基部的苗干长度。

胸径：距地径 1.3 米处苗干直径。

土球：挖掘苗木时，按一定规格切断根系，保留土壤呈圆球状并加以捆扎、包装的苗木根部。

四、苗圃地选择与整理

1. 苗圃地选择

大叶伞是热带树种，生产基地应选择在广州及其以南的地区。尽量选择交通便利、地形平坦、地势较高、光照时间偏短、灌溉方便、肥沃、疏松的耕地或土层深厚、肥沃、疏松的山脚坡地。

2. 苗圃地整理

播种床应选择在土层深厚、肥沃、疏松的地方，播种前要深耕翻土，整地作播种床，床宽 1.0~1.2 米、高 20~25 厘米，播种床之间的步道宽 30~40 厘米，床面平整细致。

培育大苗的用地要做好工作通道及排灌系统的规划，种植畦做成宽 1 米、高 30 厘米的规格，步道宽 60 厘米。

3. 苗床消毒

播种前播种床要进行消毒，以利于种子的发芽出土。可用多菌灵或甲基托布津等杀菌剂进行土壤消毒，也可用 0.3%~0.5% 高锰酸钾溶液喷洒消毒。

4. 搭苗床遮阳棚

大叶伞幼苗需半阴环境，有条件的可在育苗大棚内进行，也可以在播种床面搭建遮光率 50% 的临时简易棚。

五、育苗

大叶伞可用播种、扦插、组培育苗。播种育苗简单快捷，育成的苗木造型好；幼苗生长快、长势整齐一致等优点。因此，播种及组培是大叶伞的主要育苗方法。

1. 播种育苗

（1）种子选购和处理 由于大叶伞在我国主要作盆栽观赏，很少培育成大树，盆栽少见结果，因此种子主要靠外地调运。种子在 8—10 月成熟，成熟时果实呈橙色。播种育苗时，宜用当造采收的新鲜种子，即购即播种。

（2）**播种** 播种在8—10月进行。采用条播，在播种床上开播种沟，沟宽10~15厘米，沟深15厘米，沟距30厘米，将种子均匀地撒在播种沟里，然后盖一层0.7~1.0厘米厚的薄土，最后用遮阳网覆盖播种床。

（3）**播种后的管理**

①水分管理。播种后，每天早上淋水1次，保持土壤湿润。下大雨时播种床面应覆盖薄膜小拱棚，并做好清沟排水工作；干旱季节应淋足水。

②幼苗出土管理。播种后1个月左右，幼苗开始出土，大约有50%的种子出土时，可以将盖在播种床面的遮阳网揭开并在播种床面改搭遮光率50%的遮阳小拱棚，以防止幼苗晒坏。之后用50%百菌清可湿性粉剂配制成0.15%~0.2%溶液喷洒苗床1次，预防病虫害发生。

③施肥。幼苗出齐后，每半个月淋施0.1%尿素溶液1次，并用50%多菌灵可湿性粉剂配制0.15%~0.2%溶液喷洒苗床，连续3次。

④苗床管理。主要是做好淋水、施肥、病虫害防治、除草等管理工作。

⑤营养袋育苗。当苗高3~4厘米即长出第一片真叶时，可移入营养袋培育。育苗基质可采用疏松肥沃的园土，也可用75%泥炭+20%珍珠岩+2.5%鸡粪（经堆沤）+0.5%进口复合肥+少许生石灰等，将两种配方之一搅拌均匀并调节pH至6.0~6.5，即可装袋。

⑥营养袋苗管理。播种苗移入容器后，淋足水，即喷淋50%百菌清0.15%~0.2%溶液，搭遮光率50%遮阳棚。做好淋水、除草及施肥等管理工作，每10天喷洒1次50%多菌灵0.3%~0.5%溶液。小苗阶段需要在阴棚下栽培。

2. 组培苗的培育

（1）**组培苗的质量** 于3—5月选大叶伞穴盘苗，每盘200

苗，苗高 6~8 厘米，要求苗木整齐、嫩绿、长势好，不能用黄化或老化苗。

（2）容器育苗　基质采用 75% 泥炭 +20% 珍珠岩 +2.5% 鸡粪（经堆沤）+0.5% 进口复合肥 + 少许生石灰的配方，将基质搅拌均匀并调节 pH 至 6.0~6.5，配制好的基质装入 10~15 厘米口径的营养杯中，每杯种大叶伞苗一株。

（3）容器苗的管理　将种好的容器苗淋足水，并喷淋 1 次 50% 百菌清 0.15%~0.2% 溶液，搭遮光率 50% 的遮阳棚。做好淋水、除草及施肥等管理工作，每 10 天喷洒 1 次 50% 多菌灵 0.3%~0.5% 溶液。小苗阶段需要在阴棚下栽培。

3. 当年生苗的规格

苗木经过 1 年的培育，地径大于 0.4 厘米，苗高大于 40 厘米，且小苗直立、生长正常、不带检疫性病虫害，即可作为大苗培育的用苗。

六、大苗培育

1. 移植

采用当年生的容器苗，种植前容器苗要按高矮、大小进行分类。

栽植时间在每年 2—9 月，栽植时选择雨后或阴天，有淋水条件的地方可在全年任何时候栽植。

初植密度株行距 0.8 米 ×0.8 米，第二年疏苗 50%。种植时一定要除去育苗袋，并将小苗扶正压实。种植深度比原来的栽植痕深 2~5 厘米。

2. 大苗培育

做好水肥管理工作。3—10 月是大叶伞的旺盛生长期，生长量较大，一般每月施 1 次肥，秋末及冬季要减少浇水量，控制施肥量，可在秋末喷施 0.3%~0.5% 磷酸二氢钾等磷钾肥进行叶面施肥，以促进枝叶老化，提高冬季抗寒力。平时做好除草、松土等常规管理工作。

大叶伞树干通直，分枝少，培育单干式植株时，仅需及时

将侧芽抹去。如果栽植地风较大，应在植株旁插1支竹竿，将大叶伞植株绑在竹竿上，以防止植株弯曲。培育一头多干型植株时，需在距地面30厘米以下的地方将苗剪断，促进剪口下的基部萌发枝条，选留健壮的3~5个芽培养为多主干植株。

在广东中南部，大叶伞1年生苗地栽培育3~5年后，胸径可达8 厘米、高可达5.8米以上，可出圃作盆栽用。树桩段可就地移植上袋，挖苗时带土球直径应尽量小，不要超过30 厘米，土球高不超过20 厘米，树高在1.7~1.8米处截断，移植于直径40 厘米以上的塑料大盆内。营养土选用塘泥、园土或泥炭土，移植后半年形成全冠大苗即可出圃。截下来的茎段按1.6米的长度截段，经处理后可作茎段式盆栽的材料。

3. 病虫害防治

农药使用按GB 4285—89和GB/T 8321的规定执行。

大叶伞在栽培过程中会发生一些病虫害，常见的病害有炭疽病，常见的虫害有介壳虫、红蜘蛛等。发生的原因主要是高温多湿、栽培环境通风不良。

（1）炭疽病　可用70%托布津+75%百菌清可湿性粉剂（1 ： 1）600~800倍液，或50%复方硫菌灵800倍液，或50%加瑞农可湿性粉剂600~800倍液，或12.5%乳油蕉斑脱1 000~1 500倍液，或25%炭特灵可湿性粉剂500倍液，或50%炭疽福美可湿性粉剂500倍液，或50%施保功可湿性粉剂1 000倍液，或75%百菌清+70%代高乐（1 ： 1）1 000~1 200倍液等，交替使用，每7天喷施1次，连喷3~4次。

（2）介壳虫、红蜘蛛　可用速扑杀0.1%溶液喷洒防治，也可以用40%乐斯本1 500倍液喷杀。

附录 3 广东茎段式盆栽植物产业

一、广东茎段式盆栽植物生产情况

1. 产业规模

广东茎段式盆栽花卉最早从台湾引入，20 世纪 90 年代初盛行巴西铁茎段盆栽，20 多年至今不衰，目前仍需进口巴西铁茎段以满足国内花卉市场的需要。近几年引入发财树（马拉巴栗）和富贵竹，并迅速发展成为大的产业，前者出口世界各地，后者通过茎段加工处理形成“红运塔”“富贵塔”出口欧美地区，在广东湛江及海南建成了十多万亩的基地。当前，国内茎段式盆栽品种陈旧单调，且均为国外引进，而我国具有众多的茎段式植物资源，为形成具有自己特色的茎段式盆栽产业奠定了基础，开发茎段式盆栽具有得天独厚的优势，如今开发乡土树种茎段式盆栽最为成功的是幌伞枫。

目前，我国出口的茎段式盆栽花卉主要是发财树和富贵竹，出口历史较长，国际市场需求十分旺盛。从最近开发的幌伞枫、海芋和尖尾芋的市场表现看，具有中国特色的茎段式盆栽市场前景更加诱人，因此开发此类具有地方特色的茎段式盆栽是迫切需要的。

广东省茎段式盆栽植物主要类群有幌伞枫、马拉巴栗、大叶伞、绿宝菜豆树、巴西铁和荷兰铁等。富贵竹近年发展很快，衰退也迅速，湛江高峰期曾经生产面积达 6 667 公顷以上，目前比较平稳，全省约 2 000 公顷。幌伞枫为近年新兴的乡土茎段式盆栽花木，发展非常迅速，预计全省面积约 13 333 公顷，湛江地区规模最大。国内其他地区如海南、广西、福建、云南均有发展，预计面积达 26 667 公顷。但目前发展势头有所减缓，值得关注。马拉巴栗在广东近年发展也比较快，主要动力来源于海南马拉巴栗种植企业向其他省份迁移，目前主要分布在广东湛江、阳江地区，企业规模较大，大多达到 33~67 公顷的规模，预计全省有 667 公顷以上。其他的切枝或茎段式盆栽植物规模较小。

2. 产品类型

茎段式盆栽产品的类型根据根踵（根踵就是枝干与横向根垂直交叉的地方）与顶芽的有无，可以分为下列 3 类：

（1）**茎段型** 指纯粹茎干式产品，为没有根踵、没有枝叶、没有顶芽的切茎切枝产品类型，主要代表为富贵竹、巴西铁、大叶伞、荷兰铁等。

（2）**根踵茎段型** 指具有根踵的茎干式产品，为没有枝叶、没有顶芽的切枝产品类型，主要代表为发财树、幌伞枫、南洋森等。

（3）**全株茎段型** 指具有根踵、茎部顶芽的茎干式产品，为没有枝叶的产品类型，主要代表为海芋、尖尾芋等。

茎段式产品根据生物学习性又可以分为下列 3 类：

（1）**乔木型（单干）** 木本类，为茎干不分枝的切枝类型，主要代表为发财树、幌伞枫、大叶伞、巴西铁等。

（2）**灌木型（多干）** 木本类，为茎干分枝的切枝类型，主要代表为南洋森等，以及幌伞枫、大叶伞通过人工打顶培育而成的多干类型等。

（3）**草本型** 草本植物，包括富贵竹、海芋、尖尾芋等。

二、茎段式盆栽植物资源与评价

1. 资源状况

通过调查研究，收集整理了目前正在生产利用和具有开发前景的茎段式盆栽花卉植物资源，对其生物学特性、生态学特点、抗逆性和生产性能进行了初步调查，对重要资源进行了综合评价。

经过初步调查，广东地区目前生产利用和有利用前景的茎段式盆栽植物资源 46 种（品种），部分树种见附表 1。其中草本

8 种（品种），灌木 12 种（品种），乔木 25 种（品种）；已经在生产中作为茎段式盆栽规模生产的有 17 种（品种），零星生产的 5 种（品种），尚未在生产上作为茎段式盆栽的 23 种（品种）。

这些资源主要集中在龙舌兰科、天南星科、桑科、木棉科、五加科、紫葳科等类群，均为常绿植物。

附表 1 广东主要茎段式植物概况

种 名	学 名	科 名	生物特性	茎段发芽性能	利用情况
尖尾芋	*Alocasia cucullata*	天南星科	草本	顶芽发芽，部分侧芽发芽	已经规模生产，开始出口
海芋	*Alocasia odora*	天南星科	草本	顶芽发芽，部分侧芽发芽	已经规模生产，开始出口
革叶黛粉叶（绿霸王）	*Dieffenbachia daguensis*	天南星科	草本	侧芽易发芽	未进行茎段式生产
地涌金莲	*Musella lasiocarpa*	芭蕉科	草本	顶芽发芽	未进行茎段式生产
富贵竹	*Dracaena sanderiana* ‘Virens’	龙舌兰科	草本	侧芽易发芽	已经规模生产，规模出口
金边富贵竹	*Dracaena sanderiana* ‘Golden Edge’	龙舌兰科	草本	侧芽易发芽	零星生产
文殊兰	*Crinum asiaticum*	石蒜科	草本	顶芽发芽	未进行茎段式生产
沙漠玫瑰	*Adenium obesum*	夹竹桃科	灌木	侧芽易发芽	未进行茎段式生产
山海带	*Dracaena cambodiana*	龙舌兰科	灌木	侧芽易发芽	未进行茎段式生产
圆叶南洋森	*Polyscias balfouriana*	五加科	灌木	侧芽易发芽	已经规模生产
蕨叶南洋森	*Polyscias filicifolia* ‘Golden Prince’	五加科	灌木	侧芽易发芽	已经规模生产
羽叶南洋森	*Polyscias fruticosa*	五加科	灌木	侧芽易发芽	已经规模生产

（续表）

种 名	学 名	科 名	生物特性	茎段发芽性能	利用情况
南洋森	*Polyscias guilfoylei*	五加科	灌木	侧芽易发芽	零星生产
象腿丝兰（荷兰铁）	*Yucca elephantipes*	龙舌兰科	乔木	发芽集中在茎段顶部	已经规模生产
面包树	*Artocarpus altilis*	桑科	乔木	发芽集中在茎段顶部	未进行茎段式生产
苏铁	*Cycas revoluta*	苏铁科	乔木	顶芽发芽	已经规模生产
巴西铁	*Dracaena fragrans*	龙舌兰科	乔木	发芽集中在茎段顶部	已经规模生产，进口
金心巴西铁	*Dracaena fragrans* 'Massangeana'	龙舌兰科	乔木	发芽集中在茎段顶部	已经规模生产，进口
幌伞枫	*Heteropanax fragrans*	五加科	乔木	发芽集中在茎段顶部	已经规模生产，国内市场重要茎段植物。
水瓜栗	*Pachira aquatica*	木棉科	乔木	发芽集中在茎段顶部	未进行茎段式生产
马拉巴栗	*Pachira macrocarpa*	木棉科	乔木	发芽集中在茎段顶部	已经规模生产，规模出口
绿宝菜豆树	*Radermachera hainanensis*	紫葳科	乔木	发芽集中在茎段顶部，其他部位少数发芽	已经规模生产
大叶伞	*Schefflera actinophylla*	五加科	乔木	发芽集中在茎段顶部，其他部位也容易发芽	已经规模生产
斑叶大叶伞	*Schefflera actinophylla* 'Variegata'	五加科	乔木	发芽集中在茎段顶部，其他部位也容易发芽	未进行茎段式生产
鸭脚木	*Schefflera octophylla*	五加科	乔木	发芽集中在茎段顶部，其他部位也容易发芽	零星生产
掌叶苹婆	*Sterculia foetida*	梧桐科	乔木	发芽集中在茎段顶部	观察阶段

2. 资源评价

采用层次分析法（AHP 法）对广东茎段式植物资源进行评价，结果如下：

（1）乔木型茎段植物的综合评价　乔木类茎段式盆栽花卉主要指具有明显主干的茎段式植物，46 种（品种）茎段式盆栽植物资源中，乔木占 25 种（品种）。根据叶色，花和花序，叶数量和大小，奇特性，芳香性，茎干性状，茎段盆栽观赏期，茎段盆栽树冠养成速度，茎段盆栽株型，茎段发根性能，茎段发芽性能，芽的类型，发芽部位，储运性能，病虫害及安全性，抗逆性及适应性，繁殖难易程度，大田长势，利用程度，经济利用性等 20 个指标的评价与计算，最后得出各个树种的综合得分与排序，见附表 2。

附表 2　乔木型茎段式盆栽花卉资源的综合得分与排序

中文名	综合得分（分）	排序
大叶伞	4.48	1
马拉巴栗	4.46	2
幌伞枫	4.40	3
绿宝菜豆树	4.34	4
金心巴西铁	4.25	5
苏铁	3.90	6
鸭脚木	3.79	7
象腿丝兰（荷兰铁）	3.71	8
掌叶苹婆	3.64	9
水瓜栗	3.62	10

根据计算结果，最高得分 4.48 分，最低得分 2.57 分。得分大于或等于 3.5 分的有 10 个物种，分别是大叶伞、马拉巴栗、

幌伞枫、绿宝菜豆树、金心巴西铁、苏铁、鸭脚木、象腿丝兰（荷兰铁）、掌叶苹婆、水瓜栗。评选出的前10种，均是在生产中规模生产或极具开发利用前景的茎段式盆栽花卉，反映了该评价方法和项目组制定的指标体系的科学性、先进性。

（2）灌木型茎段植物的综合评价　灌木类主要指灌木状的茎段式盆栽植物，46种（品种）茎段式盆栽植物资源中，灌木占12种（品种）。灌木类与乔木类的指标体系相近，同样由叶色，花和花序，叶数量和大小，奇特性，芳香性，茎干性状，茎段盆栽观赏期，茎段盆栽树冠养成速度，茎段盆栽株型，茎段发根性能，茎段发芽性能，芽的类型，发芽部位，储运性能，病虫害及安全性，抗逆性及适应性，繁殖难易程度，大田长势，利用程度，经济利用性等20个指标组成，但部分指标的内涵有所变化，经综合评价与计算，最后得出各个树种的综合得分与排序，见附表3。

附表3　灌木型茎段式盆栽花卉资源的综合得分与排序

中文名	综合得分（分）	排序
山海带	3.92	1
孔雀木	3.52	2
圆叶南洋森	3.47	3
南洋森	3.47	3
羽叶南洋森	3.36	5
蕨叶南洋森	3.31	6
佛肚花	3.23	7
三色龙血树	3.21	8
沙漠玫瑰	3.15	9

根据附表3的计算结果，最高得分3.92分，第9名得分

3.15 分。总体看，灌木型茎段式盆栽花卉资源由于体型大、运输包装难度大、储运需求空间大，得分普遍不高，因此，灌木型茎段式盆栽的发展可能受到限制。事实上，排名前 5 名的种类山海带、孔雀木、圆叶南洋森、南洋森、羽叶南洋森，部分种类在市场上有一定的销售规模，但是较小，同时面向的市场半径较小。

（3）草本型茎段植物的综合评价　草本型茎段植物主要指具有草本特性的一类茎段式盆栽植物，46 种（品种）茎段式盆栽植物资源中，草本为 8 种（品种）。草本型茎段式类群的指标体系由叶色，花和花序，叶数量大小，奇特性，芳香性，茎干性状，茎段盆栽观赏期，茎段盆栽树冠养成速度，茎段盆栽株型，茎段发根性能，茎段发芽性能，储运性能，病虫害及安全性，抗逆性适应性，繁殖难易程度，大田长势，利用程度，经济利用性等 18 个指标组成。经综合评价与计算，最后得出各个树种的综合得分与排序，见附表 4。

附表 4　草本型茎段式盆栽花卉资源的综合得分与排序

中文名	综合得分（分）	排序
海芋	4.21	1
富贵竹	3.94	2
革叶黛粉叶（绿霸王）	3.84	3
尖尾芋	3.83	4
地涌金莲	3.82	5
文殊兰	3.77	6
大王黛粉叶	3.62	7

根据附表 4 的计算结果，最高得分 4.21 分，第 7 名得分 3.62 分。得分普遍较高，排名前 2 位的海芋和富贵竹和第 4 位

的尖尾芋均是生产上大规模应用的种类，第3位绿霸王茎干粗大，颜色墨绿，很有开发前景。

总之，通过评价分析、生产实践，筛选出优良茎段式盆栽植物大叶伞、马拉巴栗、幌伞枫、绿宝菜豆树、金心巴西铁、海芋和富贵竹7种，有开发潜力茎段式植物鸭脚木、掌叶萍婆、水瓜栗、绿霸王等4种。

三、重要茎段式盆栽植物

1. 巴西铁 *Dracaena fragrans*（附图1）

（1）别名　香龙血树、巴西千年木。

（2）形态特征　龙舌兰科龙血树属常绿小乔木，高可达6米。叶簇生于茎顶，弯曲呈弓形，新叶亮绿色有光泽，花小不显著，芳香。

附图1　巴西铁

（3）生物学特性　原产非洲西部的加那利群岛，喜光，也耐半阴，在光线明亮的室内可长期摆放供观赏。性喜高温，生长适宜温度为 20~28℃，冬季气温 13℃以下要做好防寒工作，越冬温度为 5℃。喜疏松、肥沃、排水良好的沙壤土，盆栽以泥炭土、塘泥、腐叶土、培养土等加入一定比例的珍珠岩或粗沙混合而成的基质为好。

（4）**市场分布** 巴西铁茎段切枝主要靠进口，在国内组合盆栽，大型盆栽和茎段小盆栽很受欢迎。消费市场分布于全国各地。消费人群很广，从集团消费到个人家庭消费均有较大的市场。

（5）**品种类型** 常见栽培品种有：黄边香龙血树（*Linderii*，附图 2），叶缘淡黄色；中斑香龙血树（*Massangeana*），叶面中央具黄色纵条斑；金边香龙血树（*Victoriae*），叶缘深黄色带白边。

附图 2 黄边香龙血树

（6）**产品类型** 市场常见的盆栽产品主要有大、中型的茎段组合盆栽（附图 3）。近几年小型的茎段盆栽以及水培也很受欢迎。

（7）**栽培技术** 在国内大田生产仅限华南地区和滇南，常作切叶栽培，作茎段式切枝生产的较少。茎段材料主要还是靠进口。巴西铁经常遭受蔗扁蛾的危害，其幼虫蛀食树干，将皮层全部蛀空，仅剩一层薄薄的外表皮，皮下充满粪屑，在受害树干的表皮上咬有排粪孔和通气孔。所以要先用20%速灭杀丁2 500倍液浸泡5分钟，晾干后再种植。温室内发现蔗扁蛾危害时可用磷化铝按每立方米10克的用量熏蒸24小时，也可用80%敌敌畏乳油500倍液喷洒茎干，再用塑料薄膜将茎干包裹5小时。

附图3 巴西铁盆栽产品

2. 马拉巴栗 *Pachira macrocarpa*（附图4）

（1）别名 发财树、瓜栗、美国花生。

（2）形态特征 木棉科瓜栗属常绿乔木，树高8~15米，枝条多轮生。掌状复叶，小叶5~7片。4—5月开花，花大色艳，花色有红、白或淡黄等色。9—10月果熟，内有10~20粒种子，种粒大，形状不规则，浅褐色。

（3）生物学特性 原产热带南美洲。喜高温高湿气候，耐寒力差，幼苗忌霜冻，成年树可耐轻霜及长期5~6 ℃的低温，华南地区可露地越冬。喜肥沃疏松、透气保水的酸性沙壤土，较耐水湿，

附图4 发财树的果实

附图 5 发财树单株盆栽

也稍耐旱。

（4）市场分布 马拉巴栗是著名的室内观叶盆栽植物，大型盆栽和茎段小盆栽很受欢迎（附图 5~6）。与巴西铁一样，消费市场分布于全国各地。消费人群很广，从集团消费到个人家庭消费均有较大的市场。

（5）品种类型 绿色的原种为主要的生产类型。花叶品种很少生产。

（6）产品类型 有大

附图 6 发财树辫盆栽

型单株盆栽，大型5辫、3辫盆栽，小型3辫盆栽和小型单株盆栽。

（7）栽培技术 主要采用播种育苗，种子在秋季成熟，种子采收后随即播种。目前广东中西部、海南省有大面积的种植（附图7）。

附图7 发财树的生产

3. 富贵竹 *Dracaena sanderiana*

（1）别名 万年竹、万寿竹、开运竹。

（2）形态特征 龙舌兰科龙血树属植物。株高1米以上，植株细长，茎节明显似竹子，所以称为富贵竹。叶互生或近对生，纸质，叶长披针形，具短柄，浓绿色。伞形花序，小花3~10朵生于叶腋。

（3）生长习性 原产于非洲中西部的喀麦隆，喜高温多湿的环境，生长适温20~28℃，可耐2~3℃低温，但冬季要防霜冻。喜半阴的环境生长，不耐晒，夏季最好在有阴棚的散射光下生长，光照过强、暴晒会引起叶片变黄、褪绿、生长缓慢等现象。适生于排水良好的沙质土或冲积层黏土中，耐涝，耐肥力强。

（4）市场分布 富贵竹的市场主要分布在欧洲和北美洲，主要加工成富贵塔（附图8）的形式出口。国内的市场也很大，消费人群广。大型的富贵塔、富贵竹编织造型应用于宾馆大堂、会场，小型的家庭观赏（附图9~10）。家庭应用较多的为弯竹和切枝，以水养为主。

（5）品种类型 绿叶的富贵竹是主流产品，市场也有金边富贵竹、银边富贵竹和密叶类型的富贵竹品种。

（6）产品类型 茎段切枝常做成富贵塔或编织造型，也是家庭瓶插的主要用材。

附图 8　富贵塔

附图 9　富贵竹造型

附图 10　富贵转运竹

(7) 栽培技术

种植富贵竹要选择开阔平整的土地，先把排灌系统做好，搭建75%的平顶遮阳棚(附图11)，种植土施足有机肥，施1次呋喃丹进行土壤消毒，然后按1.2米宽、20厘米高的规格整成种植畦，畦与畦间的通道宽40厘米。将种植畦浇透水，喷1次乙草胺300倍液除草，待用。

附图11 富贵竹种植平顶棚

附图12 转运竹的栽培

剪取富贵竹的尾段作为种苗，先用达科宁溶液消毒，然后用500毫克/升的吲哚丁酸浸泡催根1~2小时，取出后按20厘米×20厘米的株行距直接插植在种植畦中，淋透水。插植1个月后出根，可开始施肥。一般种植12个月，植株高1.2米左右就可以采收了(附图12)。

富贵竹在栽培过程中常见的病害有炭疽病、疫病、茎腐病等，要及时防治。

此外，由于种植的株行距较密，很容易发生介壳虫等虫害，应及时喷洒农药如40%乐斯本1 500倍液等进行防治。

4. 荷兰铁 *Yucca elephantipes* (附图13)

(1) 别名 巨丝兰、象脚丝兰。

附图 13 荷兰铁

附图 14 荷兰铁花叶品种

（2）**形态特征** 龙舌兰科丝兰属常绿木本植物，植株高可达 10 米。茎干粗壮，直立，根基部常膨大，略带灰棕色，看起来像大象的前腿，所以又叫象脚丝兰。叶窄披针形，着生于茎顶，末端急尖，长可达 100 厘米，宽 8~10 厘米。

附图 15 荷兰铁茎段式组合盆栽

（3）**生物学特性** 原产北美洲，现世界各地广泛栽培。耐旱，耐寒力强，生长适温为 15~30℃，越冬温度为 2℃。对土壤要求不严，以疏松、富含腐殖质的壤土为佳。生长环境要求充足的光照条件，也能耐短期半阴的环境。

（4）**市场分布** 主要面向国内市场，与巴西铁相比，属于小众产品。大型的产品用于宾馆大堂、会场，中型盆栽主要用于家庭观赏。

（5）**品种类型** 目前市场以绿叶品种为主，花叶品种较少（附图 14）。

（6）**产品类型** 以大中型盆栽为主，有茎段式组合盆栽产品（附图 15）、单干盆栽产品，也有灌木型产品。

（7）**栽培技术** 荷兰铁主要用扦插繁殖，一般在春季进行。截取荷兰铁的茎段，长短都可以，茎段下端蘸一下含生根剂的黄泥浆，之后直接插在用干净河沙或干净黄泥做成的插床中，遮阴并淋透水。第一次淋水时应加入适量的杀菌剂进行消毒。扦插后要认真管理，一般 1 个月左右便能长根。粗大的茎段出根后可以盆栽，苗木可以地栽培育。荷兰铁比较耐旱，栽培期间应注意水分的控制，不要过分潮湿，以减少病害的发生。

5. 海芋 *Alocasia macrorrhiza*（附图 16）

（1）**别名** 姑婆芋、野芋、观音芋。

（2）**形态特征** 多年生直立草本，具地下肉质根茎。地上茎高

附图 16 海芋

附图 17 海芋的应用

2~3 米，肉质，全株最高可达 5 米。叶大革质，心形，聚生在茎的顶端，叶柄粗大。佛焰花序，花期 4—7 月。

（3）生物学特性 原产热带和亚热带地区，我国华南地区，孟加拉国，印度东北部至马来半岛、中南半岛以及菲律宾、印度尼西亚等地均有分布。喜高温、半阴、潮湿的环境，粗生快长，适应性强。

（4）市场分布 以国内市场为主，主要用于绿地布置或家庭摆设（附图 17）。华南地区是主产区，虽然海芋在野外生长快，产量大，现有的产品主要采自野生的资源，但是为保护资源和生态环境，目前多采用人工种植的方法供应市场。

附图 18 海芋的地上茎，用于盆栽

（5）品种类型 主要利用原种（附图 18）。

（6）产品类型 产品类型有基质栽培和水培两大类型。大型植株应用于厅堂、庭院摆设，小型植株多布置于室内。

（7）栽培技术 可用分株繁殖、小芋头种植或用地上茎插植。海芋粗生快长，种植地最好选在半阴、肥沃、潮湿的冲积地，生长季节适当施肥，促进植株的生长。在高湿以及通风透光不良的环境中海芋的叶片和花容易得灰霉病，病叶上常有水渍状褐色大斑，空气湿度大时，会出现灰黑色霉层。平时要及时清除枯叶及病叶，减少侵染源，在发病初期要及时喷药防治，可选用 50% 农利灵可湿性粉剂 1 500 倍液、50% 扑海因可湿性粉剂 1 500 倍液等进行喷杀。

6. 尖尾芋 *Alocasia cucullata*（附图 19）

（1）别名 台湾姑婆芋、老虎芋、假海芋。

（2）形态特征 天南星科海芋属多年生直立草本，高可达 1 米。根茎粗短，肉质，具环形叶痕。叶片小，丛生，心形，先端长尖，基部圆形，叶面浓绿、光亮。花序柄常单生；佛焰苞管部长圆状卵形。花期 5—7 月，果期 8 月。

附图 19 尖尾芋

（3）生物学特性 主要分布于缅甸、泰国、孟加拉国、斯里兰卡以及我国浙江、广东、四川、云南、福建、广西、贵州等地。耐旱、耐阴，性喜高温多湿的环境，粗生快长，适应性强。

（4）市场分布 国内市场为主，有少量出

附图 20 尖尾芋小盆栽

附图 21 尖尾芋水养栽培

口。主要面向家庭消费。

（5）品种类型 原种利用。

（6）产品类型 小型茎段式栽培植物，常 3~5 株组合盆栽（附图 20），也常用水养栽培（附图 21）。

（7）栽培技术 主要用分株法繁殖，把子株从母株上切下来，也可把尖尾芋的芋头切成小块，每块都必须带芽眼，然后将切口稍晾干或蘸上草木灰，之后直接种植，就能萌发新芽长成新的植株。

7. 鸭脚木 *Schefflera octophylla*

（1）别名 鹅掌柴、公母树。

附图 22 鸭脚木的叶片

（2）形态特征 五加科鹅掌柴属常绿乔木或灌木，高可达 15 米。掌状复叶，小叶 6~9 片，最多时 11 片，小叶纸质至革质，椭圆形、长圆状椭圆形或倒卵状椭圆形

（附图 22）。圆锥花序顶生，长 20~30 厘米，花白色，花期 11—12 月，核果球形，12 月成熟。

（3）生物学特性　广布热带、亚热带地区的常绿阔叶林下，性耐阴，也能够在阳光直射的环境中生长。喜温暖的气候环境，也能耐寒，能经受 -5℃的低温。对水分和土壤的要求不高，粗生快长。

（4）市场分布　具有潜力的茎段式切枝植物，其耐阴性、耐寒性优于同属的大叶伞（澳洲鸭脚木）。不足之处在于叶片不如大叶伞光亮。目前在市场上只有零星供应，产品来源于野生资源，尚未进行规模化生产。

附图 23　鸭脚木盆栽

（5）品种类型　利用原种。

（6）产品类型　主要为树桩盆栽产品（附图 23）。

（7）栽培技术　目前尚未规模栽培，生产技术没有系统研发，可以参考大叶伞的栽培技术。

8. 圆叶南洋森 *Polyscias balfouriana*

（1）别名　圆叶福禄桐、圆叶南洋参。

（2）形态特征　五加科南洋森属常绿灌木或小乔木，高可达 8 米，植株多分枝，茎干灰褐色，密布皮孔。叶互生，单叶或羽状复叶（3 片小叶），小叶宽卵形或近圆形，基部心形，边缘有细锯齿，叶面绿色（附图 24）。伞形花序成圆锥状。

（3）生长习性　原产热带区，主要分布在南太平洋和亚洲东南部的群岛上。喜光，也耐半阴。喜温暖、湿润的气候环境，不耐寒，生长适温为 22~28℃，越冬温度为 10℃。对土壤要求不高，但以疏松、富含腐殖质的沙质土壤为佳。

附图 24 圆叶南洋森的叶

（4）市场分布 国内市场，大型植株应用于宾馆大堂、会议室，小型盆栽应用于家庭观赏（附图 25~26）。

（5）品种类型 有花叶、银边品种。此外，本属中的羽叶南洋森（附图 27）、蕨叶南洋森、皱叶南洋森、五叶南洋森、栎叶南洋森等品种也常见于栽培。

附图 25 圆叶南洋森

附图 26 银边圆叶南洋森

附图 27 羽叶南洋森

（6）产品类型 灌木型多干带踵盆栽为主。

（7）栽培技术 主要采用扦插繁殖，在早春进行。选择一年生、二年生健壮的枝条，剪成 8~10 厘米的长度作为插穗，插在用干净的河沙或干净的黄泥制成的插床中，保持较高的空气湿度和基质湿润。在温度 20~25℃时，3~4 周即可生根，枝叶逐渐开始生长，到初夏便可移植大田栽培。

9. 山海带 *Dracaena cambodiana*

（1）别名 龙血树、柬埔寨龙血树。

（2）形态特征 龙舌兰科龙血树属常绿乔木，高可达 10 米。叶多密生于顶端，剑形，硬而挺直，亮绿色。圆锥花序，花白色并带绿色。

（3）生物学特性 原产华南热带干旱的石灰岩地区，喜阳光充足，也耐半阴，能耐旱，适应性强。

（4）市场分布 国内市场，家庭消费为主。

附图 28 山海带茎段式盆栽（矮截促芽）

（5）品种类型 原种利用和优株扩繁。

（6）产品类型 带踵茎段式或全株茎段式盆栽，单干式与多干式均有（附图28）。

（7）栽培技术（附图 29） 规模生产采用组培苗，也可扦插。栽植地要做好排水，小苗阶段搭建 50% 的遮阳棚，大苗阶段也耐阳光直射。

附图 29 山海带的生产

10．掌叶苹婆 *Sterculia foetida*（附图 30）

（1）别名 鸡冠木、赛苹婆、假苹婆、香苹婆。

（2）形态特征 梧桐科苹婆属常绿乔木，枝轮生，平伸。掌状复叶，聚生于小枝顶端，小叶 7~9 片，椭圆状披针形，先端长渐尖或尾状渐尖，基部楔形，幼时有毛，成长后无毛。圆锥花序直立，着生在新枝的近顶部。花期 4—5 月，蓇葖果木质，椭圆形，有点似船形，每果有种子 10~15 个。种子椭圆形，黑色而光滑。

（3）生物学特性 分布于南亚、东南亚、大洋洲和非洲。我国海南、广东、广西、云南、福建等地均有栽培。喜光，能耐阴。喜温暖、湿润环境，不耐干旱，不耐寒。掌叶苹婆适应性强，对土壤要求不高，但以肥沃、湿润、土层深厚的土壤生长较快。

附图 30 掌叶苹婆

（4）市场分布 外形似发财树，市场上尚未供应。主要原因可能是我国各产地结果较少，不容易规模化繁殖。

（5）品种类型 原种利用。

（6）产品类型 带踵茎段式盆栽为主。

（7）栽培技术 常用播种法或扦插法（附图31）。茎段式栽培尚未规模化进行，栽培技术尚未系统性研究。

附图 31 掌叶苹婆植株，可作茎段式盆栽的材料